DELIUS KLASING

Richard Hamblyn

Spektakuläre Wolken

Himmelsphänomene von bezaubernd bis bizarr

Delius Klasing Verlag

Mit Dank an die Cloud Appreciation Society

In Zusammenarbeit mit dem Met Office

Die englische Originalausgabe mit dem Titel »Extraordinary Clouds« erschien 2009
bei David & Charles, Brunel House, Newton Abbot, Devon, TQ12 4PU.

Bibliografische Information der Deutschen Nationalbibliothek
Die Deutsche Nationalbibliothek verzeichnet diese Publikation in der
Deutschen Nationalbibliografie; detaillierte bibliografische
Daten sind im Internet über http://dnb.d-nb.de abrufbar.

1. Auflage
ISBN 978-3-7688-2690-7
Die Rechte für die deutsche Ausgabe liegen beim Verlag
Delius, Klasing & Co. KG, Bielefeld

Aus dem Englischen von Dr. Martin Friederichs
Layout: Jodie Lystor/Karin Kemner
Umschlaggestaltung: Gabriele Engel
Printed in China 2010

Delius Klasing Verlag, Siekerwall 21, D - 33602 Bielefeld
Tel.: 0521/559-0, Fax: 0521/559-115
E-Mail: info@delius-klasing.de
www.delius-klasing.de

Inhalt

Vorwort 7

Einleitung 8

Wolken von oben 11

Seltsame Formen 35

Optische Effekte 63

Dramatische Wolkenbilder 89

Durch menschlichen Einfluss entstandene Wolken 119

Register 140

Bildnachweis 142

Literaturhinweise 143

Danksagung 144

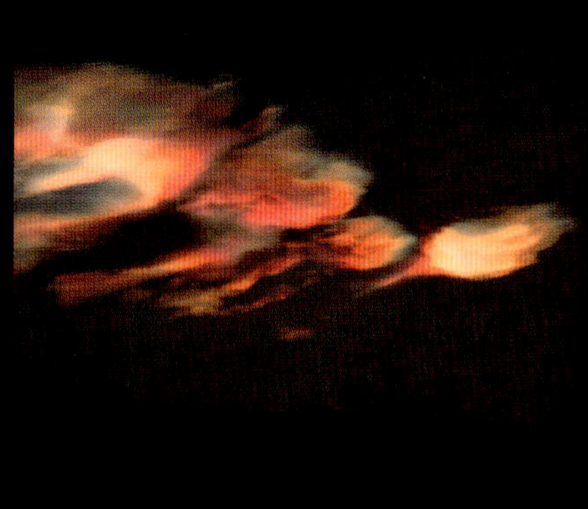

Vorwort

Wolken gehören zu den am häufigsten fotografierten Naturerscheinungen und sie haben mich schon lange dazu angeregt, mehr über die Atmosphäre unseres Planeten zu erfahren.
Während all dieser Jahre habe ich den Himmel mit einem Gemisch aus Ehrfurcht und Begeisterung betrachtet. Mich faszinierten Wolkenformen im Südatlantik und in den Tropen ebenso wie in den Gebirgsregionen dieser Welt. Dieses Buch zeigt sehr anschauliche Beispiele von Wolken unter anderem aus diesen ausgewählten Gebieten.
Das Fliegen bietet dem aufmerksamen Beobachter die Möglichkeit, Wolken aus einer neuen Perspektive zu sehen, ein oft fesselnder, aber auch schnell vergänglicher Anblick. Darüber hinaus enthält dieses Buch Bilder, die uns die Satellitentechnik ermöglicht hat. Sie eröffnet eine neue Dimension und zeigt uns die Wolkenbilder in faszinierenden Details. In meiner Tätigkeit als Leiter des Bereichs Wettervorhersage beim *Met Office* nutze ich Bilder und Filmsequenzen von Satellitenaufnahmen, um zu verstehen, wie sich Wettersysteme entwickeln und verändern.
So viel Aktivität am Himmel legt den Verdacht nahe, dass er für unsere Stimmung mehr bedeutet, als uns klar ist. Die Kumulus- und Zirruswolken an einem schönen Sommertag heben unsere Stimmung, während die Stratusdecke an einem grauen Wintertag uns eintrübt und die Sehnsucht nach Sonne weckt. Die Entstehung eines Kumulonimbus oder ein chaotischer Himmel aus Altokumuli erzeugt in mir immer noch eine kribbelnde Spannung, während ich gleichzeitig die bedrückende Schwere spüre, die von einer herannahenden Gewitterwolke ausgeht.
Für mich haben Wolken immer etwas Außergewöhnliches, weil sie das sichtbare Zeichen für das lebendige Wirken in unserer Atmosphäre sind. Hinter der Fotokamera sind meine Fähigkeiten recht beschränkt, deshalb habe ich große Bewunderung für die Fotografen, denen die spektakulären Bilder in diesem Buch gelungen sind.
Für jedes der Bilder habe ich versucht das Wettermuster zu erklären, das zu der Entwicklung des Phänomens geführt hat – vom Harmlosen bis zum Extremen.
Ich hoffe, dass Sie so viel Freude daran haben wie ich.

Keith Groves
Leiter des Bereichs Wettervorhersage im Met Office

Einleitung

»Eine Wolke ist nichts anderes als ein großer Haufen aus zusammenhängendem Schnee«, hat der Philosoph René Descartes im Jahre 1637 erklärt. Aus rein materieller Sicht betrachtet hatte er damit recht, denn die meisten Wolken bestehen aus feinen Eiskristallen und unterkühlten Tropfen, die sich an winzige Kondensationskerne angelagert haben. Solche kleinsten Staubteilchen gibt es zu Billiarden in der Atmosphäre in zwischen einem und zehn Kilometern Höhe (3280 bis 32800 Fuß). Wolken und wolkenartige Phänomene entstehen durch eine Reihe physikalischer Vorgänge und existieren unterschiedlich lange, für wenige Sekunden oder Minuten (wie in einigen vom Menschen verursachten Fällen) bis zu vielen Stunden oder sogar Tagen (einige Stratuswolken, die durch großflächige Hebung feuchter Luftmassen entstehen).

Wolken sind aber mehr als nur ein Spiegelbild physikalischer Prozesse. Für den Betrachter auf der Erdoberfläche bieten sie ein fortwährendes Schauspiel und verleihen dem Himmel wechselnde Stimmungen aus Licht und Schatten, Gestalt und Farben. Der Natur-Schriftsteller Ralph Waldo Emerson beschreibt den Wolkenhimmel als »die ultimative Kunstgalerie in der Höhe«. Eine Ausstellung im Freien, die jedem zugänglich ist – selbst in den Regionen, die das ganze Jahr lang unter einem Überangebot an blauem Himmel leiden, wie das sorglose Kalifornien. Dort kann man sich nicht nur rühmen, den wolkenärmsten Himmel zu haben, sondern leider auch den höchsten Anteil an Menschen in psychiatrischer Behandlung. Wie deprimierend muss es sein, nie einen Stratokumulus zu sehen oder einen Monat lang zu warten, bis eine kleine Quellwolke (*cumulus mediocris*) auftaucht, geschweige denn so etwas wie eine Schar reitender Zirren (siehe Seite 53).

Der griechische Komödiendichter Aristophanes bezeichnete im frühen fünften Jahrhundert v. Chr. die Wolken als „die Schutzheiligen der Müßiggänger. Von den Wolken erhalten wir die Intelligenz, die Konversation und unseren Verstand" – also die wesentlichen Qualitäten, welche die Bildung einer Gesellschaft ermöglichen. Ein Leben ohne Wolken wäre nicht nur physisch unerträglich – ganz abgesehen von ihrer Funktion als Regenspender fungieren sie als Wetteranzeiger für unseren Planeten –, es wäre auch ein Verlust eines wesentlichen Förderers der kreativen Kontemplation, diese flüchtigen, geselligen und lebensbejahenden Gedankenblasen, die über uns hinwegziehen.

Dieses Buch widmet sich der Präsentation einiger der außergewöhnlichsten und fesselndsten Beispiele der Wolkenbildung, von optischen Phänomenen wie der Koronen oder Halos bis zu den spektakulären sommerlichen Wirbelstürmen und Tornados. Außer der zerstörerischen elementaren Gewalt vermitteln sie großartige Einblicke in das Wirken unserer Atmosphäre. Der Blick in das Auges des Hurrikans »Katrina« auf Seite 32 nimmt uns mit in eines der gewaltigsten Naturgebilde der Erde. Die Wolkenbänder wickeln sich darin in einem Wirbel mit Windgeschwindigkeiten von über 250 km/h (135 Knoten). Das Bild auf Seite 102 fängt den Augenblick ein, in dem die Superzelle eines Gewitters den Übergang zu einem Tornado vollzieht. Eine Wolke aus Staub und Trümmern wird aufwärts gerissen, als der Wirbel auf den Boden trifft.

Auch wenn etliche solcher spannenden Momente aus Sturm und Drang in diesem Buch festgehalten sind, gehören die Bilder von ruhigen Szenen zu meinen Lieblingsaufnahmen, wie das zerbrechliche Band aus regenbogenfarbenen Altokumuluswolken auf

Seite 80 oder der stille Advektionsnebel während der Dämmerung (S. 13). Beide Aufnahmen stammen von Mitgliedern der Cloud Appreciation Society (CAS, Verein der Wolkenfreunde) – das gilt für fast ein Viertel des Bildmaterials in diesem Buch. Die CAS ist eine Online-Gemeinschaft von Wolkenenthusiasten. Sie wurde im Sommer 2004 von Gavin Prector-Pinney gegründet, um, wie er es selbst ausdrückt, »die Bevorzugung des blauen Himmels zu bekämpfen«. Mit weltweit über 13 000 Mitgliedern und einer laufend erweiterten Sammlung von Wolkenbildern (zurzeit sind es 4500, und wöchentlich kommen neue hinzu) ist der Verein zu einer wichtigen Quelle für alle geworden, die sich für die Erforschung von Wolken interessieren. Die Bereitschaft der Mitglieder, ihre teilweise einzigartigen Fotos kostenlos zur Verfügung zu stellen, zeugt von dem Wohlwollen, das der Anblick der Wolkenbilder in ihren Besitzern auslöst. Sehen Sie beispielsweise die Aufnahme auf Seite 73, die den ungewöhnlichen Anblick eines Fallstreifens aus einer Öffnung in der Wolkendecke zeigt, in der der Ausschnitt eines Zirkumzenitalhalos erkennbar ist. Das Bild nahm der Fotograf John Deed aus Cambridge auf, als er an einem Septembermorgen seinen Sohn zum Fußballplatz brachte: »Während mein Sohn sich für das Spiel aufwärmte, machte ich einen kleinen Spaziergang. Als ich meinen Blick nach oben richtete, sah ich diese lange zungenförmige Öffnung in der Wolkendecke. Das war schon für sich interessant, aber dann sah ich den Regenbogen am einen Ende der Öffnung, oder, wie ich inzwischen weiß, den Zirkumzenitalbogen. Als ich genauer hinsah, tauchte noch ein zweiter Bogen auf, obwohl der auf dem Foto nicht gut zu sehen ist.« Wenige Tage später wurde dieses seltene, möglicherweise einzigartige Bild in das Fotoarchiv des CAS eingestellt und damit etwas völlig Neues aus dem Repertoire der Wolkenwelt bekannt gemacht.

Natürlich tauchte bei der Zusammenstellung des Buches immer wieder die Frage auf, wie zuverlässig die Fotos im Hinblick auf ihre fotografische Glaubwürdigkeit sind. Von Anfang an habe ich alle Bilder aussortiert, die manipuliert oder durch irgendwelche Zusätze verändert waren, weil dadurch die meteorologische Aussagefähigkeit des Fotos verringert wird. (Es handelt sich schließlich um eine Sammlung außergewöhnlicher Wolkenbilder, nicht außergewöhnlicher Bildbearbeitungstechniken.) Sehr viel Mühe wurde darauf verwendet, die Herkunft jedes einzelnen Bildes zu prüfen, und ich kann zuverlässig versichern, dass kein einziges Bild einer „cumulus fotoshoppus“ dazwischen geraten ist – auch nicht die sonderbare silbern gekräuselte Struktur über Cedar Rapids in Iowa, welche die Seiten 90 und 91 ziert. Es mag aussehen wie aus einem Science-Fiction-B-Film, aber es ist vollkommen authentisch. Es wurden ein Dutzend ähnlicher Aufnahmen und Filmaufnahmen von demselben Phänomen gemacht, das auch auf der Webseite von KCRG-TV9 in Iowa zu sehen ist. Die Überschrift *What Were These Clouds?* (Was für Wolken waren das?) hätte auch ein passender Titel für dieses Buch sein können.

Ob wie in Kapitel eins aus der Weltraumperspektive betrachtet oder aus etwas ungemütlich kurzer Distanz wie bei einigen Tornadobildern im vierten Kapitel: Es lohnt sich, auf Wolken zu achten, denn sie verändern sich in jedem Augenblick. Immer im Wandel, immer in Bewegung sind sie die dynamischsten Strukturen in der Natur und verraten etwas über die sonst unsichtbare hohe Aktivität unserer Atmosphäre. Selbst die langweiligste aller Wolken (Entschuldige, Nimbostratus, aber du bist nun mal die, die uns am wenigsten willkommen ist!) kann uns etwas über den Zustand der Atmosphäre sagen. Aber es sind die ungewöhnlichen Formen, das Unerwartete am Himmel, das unsere Aufmerksamkeit erregt und uns zeigt, wenn etwas Ungewöhnliches geschieht. Davon handelt dieses Buch: eine Darstellung des Außergewöhnlichen, vom leisen Flüstern eines flüchtigen Staubteufels bis zu den gewaltigen Feldern großer Gewitterwolken, die aus dem Weltall zu sehen sind. Willkommen in der Welt der außergewöhnlichen Wolken!

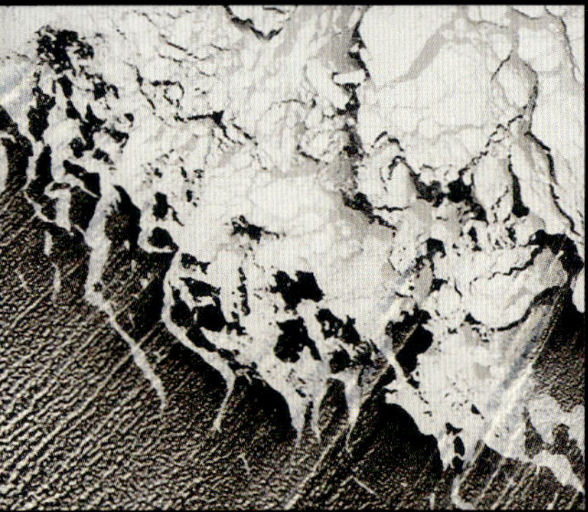

Wolken von oben

Ob vom Gipfel eines Berges, aus dem Fenster eines Flugzeugs oder aus der Erdumlaufbahn: Unsere Atmosphäre zeigt erstaunliche Erscheinungen, wenn man sie von oben betrachtet.

Ozean aus Wolken

Ein Nebelteppich schleicht über das Severn Valley in Gloucestershire, England. Es ist eine Form von Stratuswolken in Bodenhöhe, »Advektionsnebel« genannt. Er bildet sich häufig, wenn milde, feuchte Luft in Küsteneinschnitte hineinfließt, sie kondensiert über einer kalten Oberfläche – hier haben sich Dunst und Nebel über die ausgedehnte Wasserfläche des Flusses Servern ausgebreitet. Die Sichtweite betrug in Bodennähe wahrscheinlich höchstens wenige Hundert Meter. Offiziell spricht man von Nebel, wenn die Sichtweite 1000 Meter unterschreitet; liegt die Sichtweite darüber, ist es allenfalls diesig. Am unteren Bildrand brechen die Nebelwellen am Steilhang der Hügelkette an der östlichen Begrenzung des Severn-Tals. Die Ortschaft Nympsfield an einer alten Straße aus römischer Zeit ist in der Mitte des Bildes zu sehen.

Netto
Marken-Discount
36433 Bad Salzungen, Heinrich-H.-Str. 40
WWW.NETTO-ONLINE.DE
3695 1 29.08.16

		EUR
Buecher Renittenden B		2,79 A
SUMME [1]		**2,79**
Bar EUR		20,00
Rückgeld EUR		-17,21

	MWSt	BRUTTO	NETTO
A 19,0%	0,45	2,79	2,34

Für diesen Einkauf hätten Sie mit der DeutschlandCard auf den Umsatz von 2,79 EUR 1 Punkt(e) erhalten!

****
Netto ist Mehrweg-Meister mit der größten Mehrweg-Auswahl. Infos: www.netto-online.de/mehrweg
****
Vielen Dank für Ihren Einkauf
Steuer-Nr.DE133822409

Unsere Öffnungszeiten
Montag-Samstag 7:00-20:00 Uhr

0988 12:59 5017086

back

über das Hinterland Westaustralien. Warme, en über die kalte Fläche unter den Taupunkt e in Bodenhöhe. Die diese gespenstische Dämmerung als »blauer Himmel, Mond und Nebel«. Die Aufnahme machte sie von der Spitze des Mount Augustus (oder Burringurrah, wie der Berg bei den australischen Ureinwohnern heißt), ein 860 Meter hoher Sandsteinfelsen, der mit dem weitaus berühmteren Uluru (Ayers Rock) um den Titel des größten Monolithen der Welt wetteifert.

Die Kante einer Wolkenbank

Der eindrucksvolle Anblick der Kante einer ausgedehnten Stratokumulus-Bank, die wie ein Teppich über dem Mittelmeer liegt. Stratokumuli gehören zu den häufigsten Wolken auf der Erde und bedecken oft weite Gebiete über Land; ihre Form und Struktur können jedoch recht unterschiedlich sein. Die weit ausgedehnte Schicht, die wir hier sehen, heißt *stratocumulus stratiformis,* die – wie der Name es verrät – nach der Hebung von niedrigeren Stratusfeldern infolge von Konvektion entstanden ist. Solche Wolkenfelder verdichten und verbinden sich zu einer einzigen Schicht. Die gebogene Kante weist auf die sichtbare Grenze einer langsam voranschreitenden Kaltfront hin.

Wolkenwellen über dem südlichen Indischen Ozean

Die Amsterdam-Insel ist eine der entlegensten Inseln der Erde, eine kleine vulkanische Inselspitze an der tektonischen Bruchlinie zwischen der antarktischen und indoaustralischen Platte. Obwohl nur 881 Meter hoch, beeinflusst die Insel das Wolkenmuster über dem südlichen Indischen Ozean. Eine feuchte Luftschicht steigt und fällt wellenförmig, nachdem sie die Insel überströmt hat, und erzeugt dabei eine Abfolge schmaler Lentikulariswolken, die auf diesen Wellenkämmen reiten. Während der Wolkenzug in Lee der Insel weiterwandert, breitet er sich wie die Bugwelle eines Schiffes über Hunderte von Kilometern aus, bevor sich die Form in den Feldern von Kumuluswolken weiter nördlich verliert. Dieses Bild stammt vom 19. Dezember 2005, aufgenommen mit dem *Moderate Resolution Imaging Spectroradiometer (MODIS)* an Bord eines Terra-Forschungssatelliten der NASA.

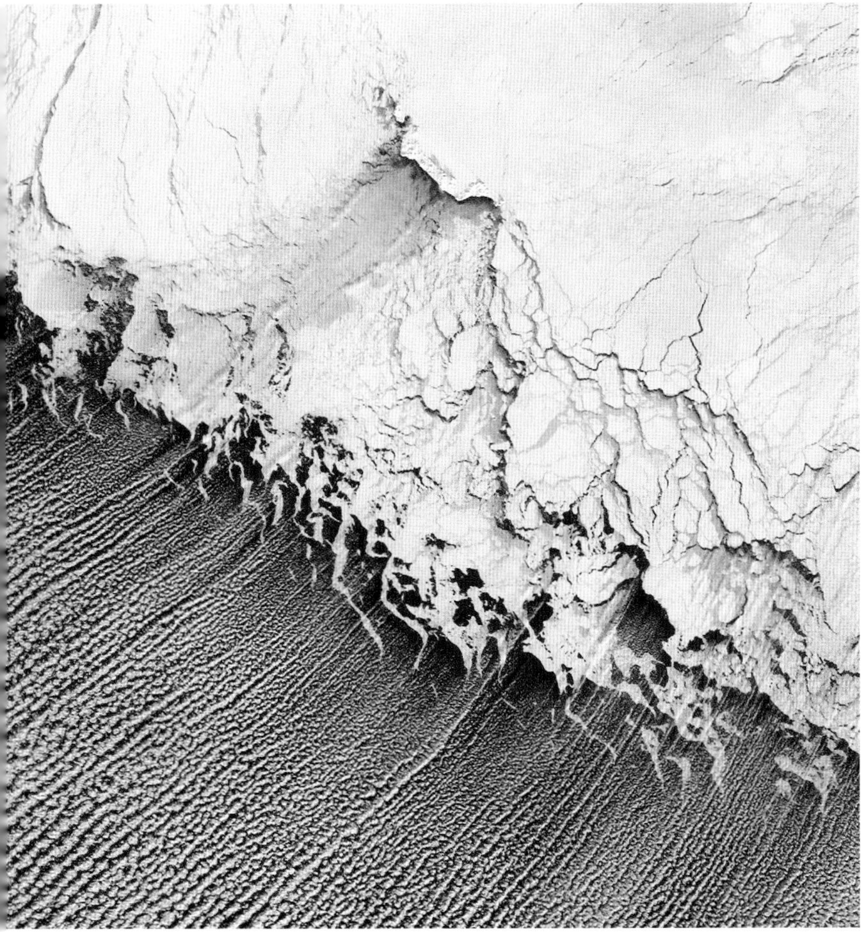

Wolkenstraßen vor Alaska

Schmale Reihen von Kumuluswolken strömen von der westlichen Kante des Meereises ab. Das Bild entstand in der Beringsee, nahe der St.-Matthew-Insel, einem isolierten »Außenposten« etwa 320 Kilometer (190 Semeilen) vor der Küste Alaskas. Solche Wolkenstraßen entstehen, wenn kalte Luft über eine wärmere Oberfläche fließt, in diesem Falle das offene Wasser der Beringsee. Wenn die kalten böigen Luftmassen sich zu heben beginnen, wird die Konvektionsbewegung bald durch eine stabile Luftschicht darüber eingedämmt. Die turbulente kalte Luft wird gezwungen, sich auf ihrem Weg nach Lee in niedrigen wendelförmigen Bewegungen zu heben und zu senken. Wo sie sich hebt, entstehen die langen kumulusförmigen Wolkenreihen parallel zur Windrichtung. Wo die Luft sich absenkt, bleibt es wolkenfrei. Das Resultat ist eine Abfolge langer paralleler Wolkenstreifen, auch »Wolkenstraßen« genannt. Das Bild wurde am 20. Januar 2006 vom Terra-Satelliten der NASA aufgenommen.

Gewitterwolken, vom All aus gesehen

Über dem Pazifik wirft die Sonne lange Schatten auf die riesige Wolkenlandschaft, in welcher der Amboss einer Gewitterwolke links von der Bildmitte zu erkennen ist. Sein Gipfel erscheint abgeflacht unter der Tropopause, einer natürlichen Temperaturinversion, die in etwa 15 Kilometern Höhe anzutreffen ist. Gewitterwolken entstehen, wenn warme feuchte Luft (über den tropischen Ozeanen reichlich vorhanden) durch Konvektion ihren Wasserdampf zu einer Wolke kondensieren lässt. Der Vorgang des Kondensierens setzt große Mengen latenter Wärmeenergie frei, welche die turbulente Aufwärtsbewegung innerhalb der Wolke verstärkt. Aufwinde von bis zu 150 Kilometern in der Stunde (80 Knoten) können dabei entstehen. Eine gewöhnliche Gewitterwolke enthält mehr Energie als jede Atombombe der Welt. Dieses Foto wurde am 21. Juli 2003 von der Internationalen Raumstation aus gemacht, aus einer Höhe von etwa 380 Kilometern.

Staub und Wolken-Vortex

Während von der afrikanischen Westküste ein Schleier aus Staub und Qualm zu den Kapverdischen Inseln herüberweht, bildet sich bei schwachen Winden in Lee der Inseln ein komplexes Muster aus Wolkenwirbeln. Es entsteht, wenn Wind um Inseln herum abgelenkt wird. Im unteren linken Teil des Bildes liegt ein Feld aus geschlossenen Wolkenzellen. Sie entstehen in Luftschichten, die, von unten aufgeheizt, in Konvektion übergehen, während sie von oben abgekühlt werden. In solchen Formationen aus geschlossenen Zellen steigt warme Luft im Zentrum unter Wolkenbildung aufwärts, während an den Rändern der Wolken abgekühlte Luft absinkt. Dieses Bild wurde 2003 im natürlichen, sichtbaren Spektrum vom Terra-MODIS-Satelliten aufgenommen.

Kármánwirbel über den Kapverdischen Inseln

Der Richtung Westen strömende Wind wird an den hohen vulkanischen Gipfeln der Kapverdischen Inseln abgelenkt. Es bilden sich etliche Wirbel, die in Strömungsrichtung weiterwandern. Dieser Wirbel – bekannt als »Von-Kármán-Wirbel« oder »Kármánwirbel« (benannt nach dem ungarischen Physiker, der sie zuerst beschrieb) – entstehen bei Windgeschwindigkeiten zwischen 5 und 13 Metern pro Sekunde und gleichzeitiger Temperaturinversion in niedriger Höhe (das heißt, die Temperatur steigt mit zunehmender Höhe, anstatt wie üblich zu fallen). Die Wirbel neigen dazu, sich in abwechselnd gegensinnigen Drehrichtungen zu bilden und bleiben über Hunderte von Kilometern erhalten. Es entsteht ein Muster, das aus der oberen Atmosphäre an seinen Wolkenformen zu erkennen ist. Das Bild wurde im natürlichen sichtbaren Spektrum am 26. April 2004 vom Terra-MODIS -Satelliten der NASA aufgenommen.

Urwald in Wolken

Nahe des Mount Batur auf der Insel Bali wird eine wabernde Schicht aus *stratus nebulosus* von gigantischen Bäumen überragt. Solch ein Dschungel, der in Wolken gehüllt ist, ist kein ungewöhnlicher Anblick in äquatorialen Regionen, wo die Luft das ganze Jahr über feucht bleibt. Roger Coulam, der diese Aufnahme am 30. Juni 2000 machte, erinnert sich, wie er vor Sonnenaufgang den Hügel hinaufkletterte. Der Weg verläuft zwischen heißem Geröll und dampfenden Schwefelquellen – Mount Batur gehört zu den aktivsten Vulkanen Indonesiens: »In der Nähe des Gipfels machte ich eine Pause, als die Sonne aufging. Ich sah hinunter auf die Bäume dieses uralten Dschungels, wie sie durch den Dunst und die tiefen Wolken hindurchbrachen.«

Jetstream-Zirren über Ägypten

»Jetstream« heißen die schnellen Luftströmungen in großen Höhen. Sie fließen in der Tropopause, in etwa 7,6 bis 10,6 Kilometern Höhe. Der Jetstream wird durch extreme Temperaturgegensätze in der oberen Troposphäre hervorgerufen, an den Grenzen zwischen polaren und tropischen Luftmassen. Die Mäander des Jetstreams können sich über Tausende von Kilometern erstrecken, und die Winde können Geschwindigkeiten bis 640 Kilometer in der Stunde (356 Knoten) erreichen. Normalerweise sind sie unsichtbar, aber gelegentlich werden sie durch ein Band aus Wolken an den Grenzen der Luftmassen angezeigt, wie auf diese Aufnahme eindrucksvoll zu erkennen ist. Das Bild wurde aus einer Gemini-12-Kapsel über Ägypten im November 1966 aufgenommen. Im Vordergrund die Wüste, geteilt durch den Nil, im Hintergrund das Rote Meer und links die Sinai-Halbinsel.

Wolken über dem Pazifik

Eine ausgedehnte Schicht tiefer Stratokumuluswolken liegt tief über dem Pazifischen Ozean, in weniger als einem Kilometer Höhe. Die Aufnahme entstand aus 260 Kilometern Höhe während des Fluges von Apollo 17 im Dezember 1972. Aus dieser Entfernung erscheinen die Brüche in den Wolkenfeldern, an denen die Konvektion etwas schwächer ist, wie Risse im Meereis. Zusammen mit dem »Ausleger« aus Kumuluswolken (im oberen Teil des Bildes) ähnelt das außergewöhnliche Bild eher einer Luftaufnahme der antarktischen Halbinsel als einem Teppich aus kumulusförmigen Wolken, die den warmen Pazifik überdecken.

Kármánsche Wirbelstraße

Diese Aufnahme, die der Terra-Satellit der NASA im Januar 2005 machte, zeigt eine einzelne Kármánsche Wirbelstraße an der Heard-Insel, einem subantarktischen Vulkan im südlichen Indischen Ozean. Die Insel ist das ganze Jahr über den rauen Winden der »Furious Fifties« (Wütende Fünfziger, zwischen 50 und 60 Grad südlicher Breite) ausgesetzt. Die unbewohnte Insel ist seit 1947 australisches Territorium und seit 1997 ein Weltnaturerbe der UNESCO. Kármánsche Wirbel entstehen, wenn schnelle Windströmung ein Hindernis umfließt, sodass in Lee spiralförmige Wirbel entstehen (siehe Seite 21). Die dunklere Färbung mancher Wolkenfelder in dem Bild entsteht durch einen Akkumulationsprozess in diesem Bereich. Die Tropfengröße innerhalb einer Wolke wächst an, indem kleine Tropfen sich miteinander verbinden. Da die Abstände zwischen den größeren Tropfen entsprechend anwachsen, wird mehr Licht innerhalb der Wolke absorbiert, weniger reflektiert, wodurch sie dunkler erscheint.

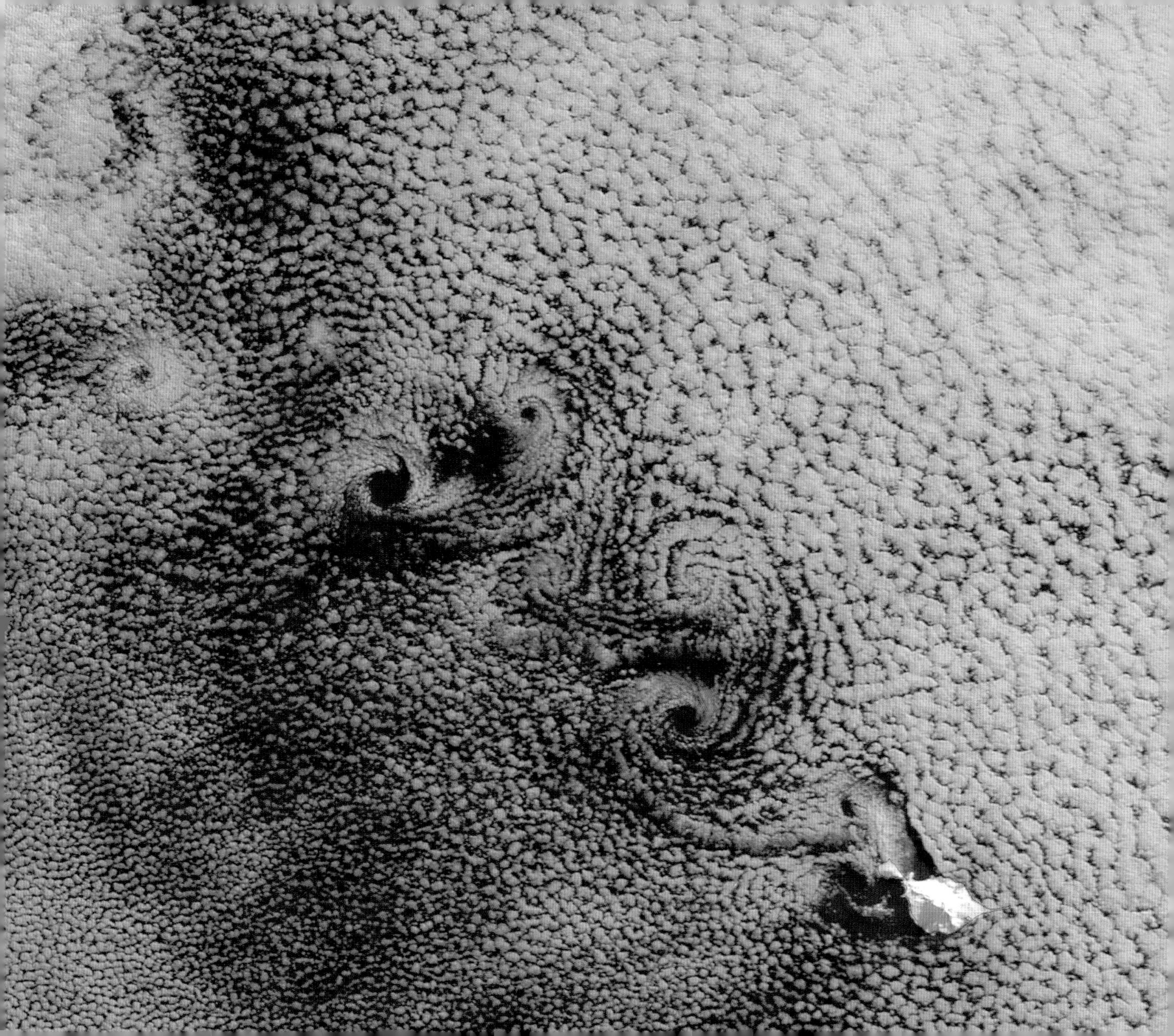

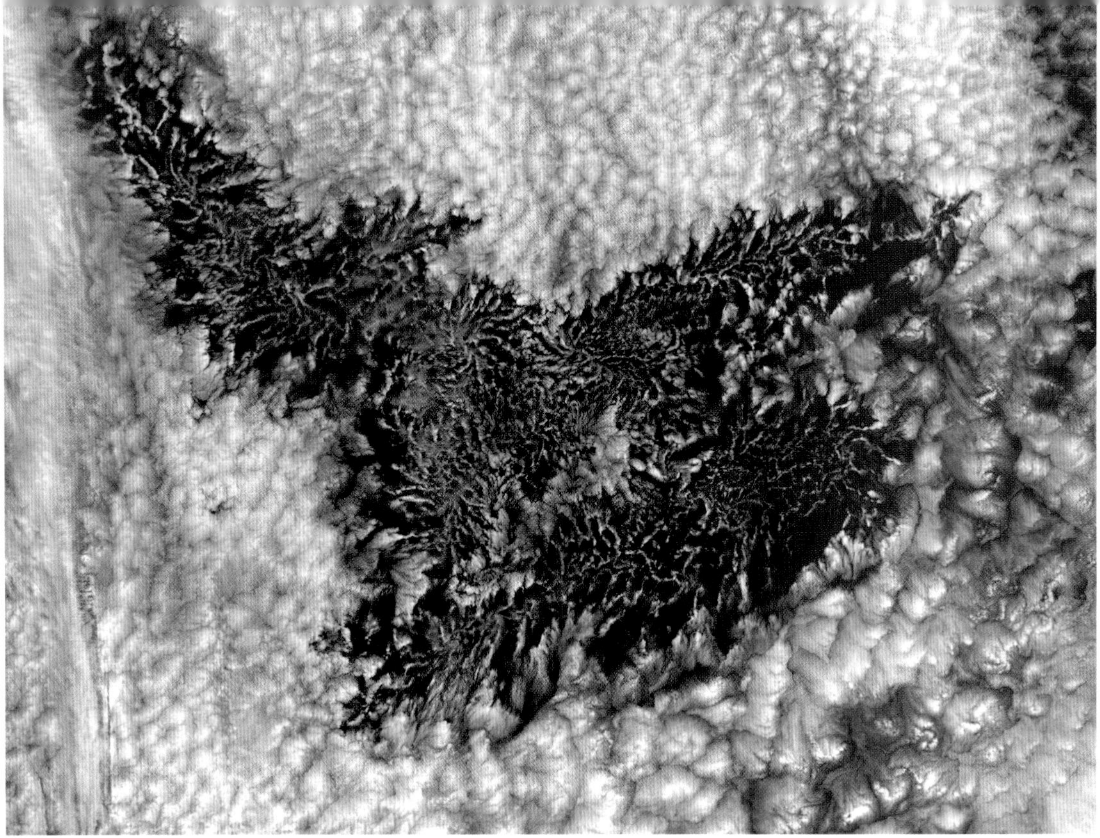

Offene und geschlossene Stratokumulus-Zellen

Zwei verschiedene Arten der Konvektion führen zu zwei unterschiedlichen Mustern von Stratokumuluswolken über dem Meer – in offenen und in geschlossenen Zellen. Hier zu sehen auf der Aufnahme eines Terra-MODIS-Satelliten am 16. August 2002 über Kalifornien. Die Form der offenen Zellen entsteht, wenn kalte Luft im Zentrum einer Wolke absinkt, während am Rand Luft aufsteigt. Das Resultat ist die feine Struktur mit großen Zwischenräumen in der Mitte des Bildes. Die hexagonalen geschlossenen Zellen, wie sie ringsherum zu sehen sind, entstehen durch den umgekehrten Prozess: Warme Luft steigt im Inneren der Zelle schnell auf, und kalte Luft sinkt an den Rändern ab (s. S. 20).

Haube mit Hintergrundbeleuchtung

Eine abgeflachte Wolkenschicht, bekannt als »Pileus« (lat.: Haube) kann über einer wachsenden Kumulonimbuswolke entstehen, wie hier über den Malediven. Ein Pileus bildet sich, wenn feuchte Luft über den Wolkengipfel angehoben wird und in eine sekundäre Wolkenform aus unterkühlten Wassertropfen (die Tropfen bleiben auch bei unter 0 °C flüssig), übergeht. Diese Wolkenform ist üblicherweise kurzlebig, denn während der Kumulonimbus durch Konvektion weiter wächst und den Pileus durchbricht, wird dieser absorbiert.

Fallstreifenloch von oben

Im Sonnenuntergang von unten beleuchtet, erscheint in einer ausgedehnten Ebene aus Altokumuluswolken eine Fläche, die wie ein Lavasee aussieht. Dieser »See« ist in Wirklichkeit ein Fallstreifenloch, gebildet durch plötzliches Gefrieren unterkühlter Wassertropfen in einem abgegrenzten Bereich der Wolke. Die Eiskristalle fallen als ein langsamer Schauer hinunter und hinterlassen eine sichtbare Öffnung in der Wolkendecke. (»Unterkühlte« Wolken bestehen aus kleinen Wassertropfen, die flüssig bleiben, obwohl die Temperatur unter den Gefrierpunkt sinkt.) Weitere Bilder des gleichen Phänomens sind auf den Seiten 100 und 101 zu sehen, aber

dieses ungewöhnliche Panorama zeigt ein längliches Fallstreifenloch aus nur wenigen Kilometern Entfernung. Das Foto nahm Marco Lillini auf, ein italienischer Berufspilot, der gern »Fotos vom Fenster seines Arbeitsplatzes aus macht«.

Im Auge des Hurrikans Katrina

Am 23. August 2005 bildete sich eine tropische Depression über dem Südosten der Bahamas. Bis zum darauffolgenden Morgen hatte sie sich zu einem Hurrikan entwickelt und erhielt den Namen »Katrina«. Der Wirbelsturm erreichte zunächst die Küste in der Nähe von Miami, als Hurrikan der Kategorie 1 mit Windgeschwindigkeiten bis 120 Kilometer in der Stunde (65 Knoten). Nachdem die Zugbahn in den Golf von Mexiko hineinschwenkte, intensivierte sich der Wirbelsturm bis zur Kategorie 5, mit Windgeschwindigkeiten von etwa 280 Kilometern in der Stunde (150 Knoten). Dieses Foto wurde aus einem Beobachtungsflugzeug, einer WP-3D Orion, aufgenommen. Es entstand im Inneren des Auges von Katrina am Nachmittag des 28. August, als sich der Hurrikan noch über der offenen See befand.
Die *National Oceanic and Atmospheric Administration* (NOAA) lässt routinemäßig Beobachtungsflüge in Hurrikans durchführen, um wichtige Informationen zu sammeln, die zur Beurteilung der Zugbahn und der weiteren Entwicklung des Hurrikans dienen. Der aufgetürmte Wolkenwulst – das Gebiet am Rande des Hurrikanauges – ist der Bereich mit den stärksten Winden. Als diese Aufnahme entstand, wurden hier Windgeschwindigkeiten von 250 Kilometern in der Stunde (135 Knoten) überschritten.
Als Katrina am Morgen des 29. August erneut die Küste erreichte, richtete der Sturm im Bundesstaat Louisiana enorme Schäden an. Die Deiche in der Nähe von New Orleans brachen an über 50 Stellen. Am Ende des folgenden Tages, als sich der Hurrikan schließlich auflöste, hatte er beinahe 2000 Menschenleben gekostet und einen Sachschaden von 50 Mrd. US-$ verursacht. Katrina ging in die Geschichte ein als der Wirbelsturm, der die höchsten Kosten verursachte.

Seltsame Formen

Wolken erscheinen in einer Vielzahl unterschiedlicher Formen – von parallelen Streifen bis zu chaotischen Wirbeln – und manchmal sind sie wirklich sehr sonderbar …

Mammatus an der Unterseite einer Gewitterwolke

Normalerweise entsteht diese Form an der Unterseite eines ausgedehnten Kumulonimbus. Mammatuswolken (mammatus, lat.: Euter) sind Anzeichen für instabiles, oft stürmisches Wetter. Sie sind aber auch gelegentlich unter ruhigen Bedingungen zu sehen, wenn das schlechte Wetter schon längst vorübergezogen ist. Die Form ist das Ergebnis eines Vorganges, bei dem kalte, feuchtigkeitsgesättigte Luftpakete, die aus einem höhern Teil der Gewitterwolke stammen, schnell abwärts sinken und an der Unterseite Beulen oder kleine Wellen bilden. Ein ungewöhnliches Exemplar für eine Wolkenform, die sich aus der Umkehrung der Konvektion bildet. (Die meisten kumulusförmigen Wolken sind das Resultat aufsteigender warmer Luftmassen.) Ihre Formenvielfalt reicht von langen Wellen, die viele Quadratkilometer bedecken, bis zu kleinen, beinahe kugelförmigen Beuteln, wie in dieser etwas bedrohlichen Kulisse aus runden Mammatuswolken. Sie entstanden im Juni 2004 über dem Sportstadion eines Colleges in Hastings, Nebraska.

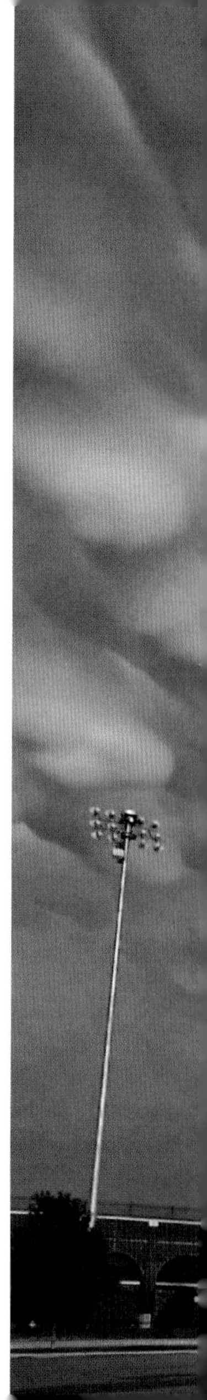

Altokumuluswolken in Auflösung

Wie ein schwebendes Inselarchipel sind diese isolierten Altokumuluswolken angeordnet. Sie verlieren schnell an Substanz in Form von Virga, jener Art von Niederschlag, der nicht den Boden erreicht, weil die Tropfen vorher in der umgebenden Luft verdampfen. Diese sich schnell auflösenden kleinen Wolken sind wahrscheinlich die letzten Reste einer ehemaligen Schicht aus *altoumulus castellanus*, die in einer labilen Atmosphäre aufgelöst wurde. Die Luft sinkt ab und auf einem tieferen Niveau bilden sich andere Kumuluswolken, die der Wind nahe der Erdoberfläche in Streifen anordnet. Das Foto hat der Berufspilot Jürgen Oste aufgenommen.

Wirbelnde Zirrokumuli

Eine ungewöhnliche Anhäufung von Kumuluswölkchen tanzt in der Luft über den Alpen bei Vicosoprano in der Schweiz. Zirrokumuluswolken gehören zu den seltensten Wolkentypen. Sie bilden sich in der oberen Troposphäre aus einer Mischung von unterkühlten Tröpfchen und Eiskristallen, wenn eine turbulente konvektive Luftströmung auf hohen Zirrus oder Zirrostratus trifft, einen Teil der Eiskristalle in unterkühlte Tröpfchen umwandelt und die Wolke in dünne Riffeln aufbricht. Hier ist das eindruckvoll auf einem Foto zu sehen, das im Bergell-Tal aufgenommen wurde. Durch die instabilen Bedingungen bei ihrer Entstehung sind Zirrokumuluswölkchen meist nur kurzlebig. Sie dünnen entweder aus in einen Schleier aus Zirrostratus oder sie verbinden sich mit den umgebenden Wolken und bilden eine dünne, gleichmäßige Formationen über dem Himmel. Eine großflächige Bedeckung des Himmels mit *cirrocumulus stratiformis* (»Schäfchenwolken«) ist ein Vorbote für einen bevorstehenden Sturm.

Rosa Ufos

Ein Stapel *altocumulus lenticularis* schwebt über den Alpujarra-Bergen in Südspanien, gefärbt durch die untergehende Sonne. Lentikulariswolken (lat.: linsenförmig) entstehen häufig in gebirgigen Regionen, wenn eine stabile Schicht feuchter Luft gezwungen wird, weit aufzusteigen, wobei Wasserdampf kondensiert. Wenn der Strom aus feuchter und trockener Luft nach Überwindung des Hindernisses wieder auf sein ursprüngliches Niveau herabsinkt, entsteht der Effekt einer stehenden Welle auf der Leeseite der Berge. Solche Lentikulariswolken wurden oft fälschlich für Ufos gehalten.

Flockige Lentikulariswolke

Lentikularis über den Alpujarra-Bergen in Südspanien, diesmal durch eine einzelne Schicht feuchter Luft verursacht, nachdem sie ein Hindernis überquert hat. Auf der Leeseite des Berges entstand eine einzelne Lage mandelförmiger Wolken. Ihre dichte undurchdringliche Erscheinung entsteht durch eine große Anzahl kleiner Tropfen. Da die Form innerhalb einer stabilen Luftschichtung entsteht, wirken sie sehr weich; die etwas ausgefranste Unterseite deutet jedoch auf leichte Labilität im Luftstrom hin.

Lentikulariswolke über dem Mount McKinley

Wie Ton auf Töpferscheiben wirken diese beiden Lentikulariswolken, die die Zwillingsgipfel des Mount McKinley einhüllen, des höchsten Berges in Nordamerika. Eine andere Bezeichnung für diese Form ist *une pile d'assiettes* (franz.: ein Tellerstapel). Diese Schichtung entsteht, wenn Lagen aus abwechselnd trockener und feuchter Luft vom Pazifik her über die Berge Alaskas gehoben werden. Die Luft überquert den 6194 Meter hohen Gipfel, wobei der Wasserdampf in den feuchteren Lagen kondensiert und dabei diese stationäre Wolke aus verschiedenen Schichten erzeugt. Auf dem Mount McKinley befindet sich die zweithöchste Wetterstation der Welt in 5800 Metern Höhe.

Wirbelnde Lentikulariswolke

Ein beeindruckendes Wolkenbild hebt sich über den schroffen Bergen von Südgeorgien, einer entlegenen Inselgruppe im Südatlantik, etwa 1400 Kilometer südwestlich der Falklandinseln. Diese ondulierenden (wellenförmig geschwungenen) Wolken können in den merkwürdigsten Formen auftauchen. Manchmal erinnern sie an Ufos, gelegentlich wirken sie aber auch wild und gewaltig, wie in diesem Beispiel, das an einer Station der britischen Antarktisforschung (British Antarctic Survey, BAS) auf Bird Island aufgenommen wurde.

Cirrus fibratus

Feine weiße Federn aus *cirrus fibratus* tanzen am blauen Himmel hoch über Corrieshalloch Gorge, einem Flusstal im schottischen Hochland. Diese Schönwetterwolken entstehen, wenn verhältnismäßig trockene Luft in die obere Troposphäre auf deutlich mehr als sechs Kilometer Höhe angehoben wird. Sobald die Luft unter den Taupunkt (unter 0 °C) abkühlt, sublimiert die kleine Menge an Wasserdampf zu feinen Eiskristallen. »Sublimation« nennt man den Vorgang, bei dem ein Gas direkt in den festen Zustand übergeht, ohne zwischendurch flüssig zu werden. Enthielte die Luft mehr Wasserdampf, entstünden dickere Wolken in niedrigeren Schichten.

Böenwalze vor Westaustralien

Eine Böenwalze ist eine zylinderförmige Wolke, die durch die kalten Abwinde eines herannahenden Gewitters entstehen kann (oder seltener auf der Rückseite eines abziehenden Gewitters). Die kalte Luft sinkt manchmal so schnell ab, dass sich eine Welle von kalten Böen noch bis in einige Entfernung vom eigentlichen Sturmgebiet ausbreitet. Diese kalte Luft wird sich unter die wärmere Luftmasse schieben, die sich anhebt und in den vertikalen Aufwind des Sturms einbezogen wird. Dabei kondensiert deren Wasserdampf zu einer waagerechten Wolke in Walzenform. Die entstandene Böenwalze erscheint manchmal vollkommen von der eigentlichen Gewitterwolke getrennt und ist oft mehrere Kilometer lang, wie in diesem beeindruckenden Beispiel über der Shark Bay in Westaustralien.

Staubteufel

Wie eine Kobra, die sich aus dem Korb eines Schlangenbeschwörers erhebt, windet sich dieser Staubteufel in der Luft nahe Walsenburg in Colorado, USA. Staubteufel entstehen durch Aufwinde nach lokaler Erwärmung trockener Luft. Die Verwirbelung bildet sich nach trichterförmiger Verengung des Luftstroms oder durch Rauigkeitsunterschiede am Boden. Staubteufel können durchaus eine beachtliche Größe und Kraft entwickeln, aber dieses Exemplar, im Mai 2003 von Roger Coulam auf seiner Suche nach Tornados fotografiert, ist ein sanfter kurzlebiger Vertreter. Roger erinnert sich, dass er gerade eine abgelegene Tankstelle erreicht hatte, als der Staubteufel auftauchte: »Ich griff ins Auto nach der Kameratasche, wobei die teure Ausrüstung herausfiel und sich über den Boden verteilte. Ich machte ein einziges Foto, und der Staubteufel verschwand so schnell, wie er aufgetaucht war. Meine Kamera trägt bis heute die Schrammen von dem Fall aus 1,2 Metern Höhe.«

Kondensstreifenring

Dieser kreisförmige Kondensstreifen blieb nach einem militärischen Übungsflug über Durham, England, am Himmel stehen. Er hatte sich schon ausgedehnt und begann sich mit den bereits vorhandenen hohen Zirrokumuluswolken (6–12 Kilometer) zu verbinden. Solche Kondensstreifen haben viel zu der sogenannten »Chemtrail«-Verschwörungstheorie beigetragen, der zufolge solche ungewöhnlichen Spuren das Resultat von staatlichen Geheimversuchen sind – von Tests biologischer Waffen bis hin zur Bevölkerungskontrolle. Natürlich wurden diese Behauptungen durch das Militär und staatliche Einrichtungen wie die NASA abgewiesen, aber Verschwörungstheoretiker sahen die Existenz verdeckter Geheimoperationen dadurch nur noch mehr bestätigt.

Wolkenhaube auf dem Berg Ararat

Ein Hirte betrachtet die Wolkenhaube, die den Gipfel des Berges Ararat (ein erloschener Vulkan im Nordosten der Türkei) einhüllt. Der Ararat ist dafür berühmt, das Noahs Arche dort nach dem Ende der Sintflut zum ersten Mal anlandete. Wolkenhauben sind orografische Wolken; sie entstehen an Berghängen, wenn feuchte Luftmassen durch den Wind über ein hohes Hindernis gezwungen werden. Wenn der Wasserdampf aus der aufsteigenden Luft kondensiert, entsteht eine flache Wolkenschicht, die sich auflöst, wenn in Lee die Luft wieder abwärts strömt. Mit einer Höhe von über 5000 Metern ragt der Ararat weit in das übliche Wolkenniveau hinein und ist häufig mit diesem stratiformen Wolkenhut zu sehen.

Cirrus castellanus

Eine Ansammlung von Türmen, mit Ranken aus Eis schweben in großer Höhe über dem Südwesten von Idaho, USA. Diese faserigen Streifen entwickeln sich, wenn die sinkenden Wolken in eine tiefere Lage aus kalter Luft eindringen, die mit gleichmäßiger Geschwindigkeit strömt. Die Eiskristalle werden über eine große Fläche verteilt – manchmal über sehr weite Entfernungen. Weil diese hohen, eisigen Zirruswolken langsam nach unten sinken, werden die Streifen als »Niederschlag« bezeichnet. Sie erzeugen aber kaum mehr als kurzlebige Fallsreifen (Virga) aus Eiskristallen, die verdampfen, lange bevor sie den Boden erreichen.

Engelsreiter

Der Wind zieht die Streifen von *cirrus unicus* in die Länge. Manchmal werden diese Wolken, bei deren Anblick man an reitende Engel denken könnte, als »Stutenschwänze« (mare tails) bezeichnet. Sie können bizarre Formen annehmen und scheinen durch große Höhen zu eilen. Zirren sind hohe Wolken, in 6–12 Kilometern Höhe. Sie bestehen aus Eiskristallen und wirken oft dünn und diffus. Das liegt an der geringen Konzentration an Eiskristallen innerhalb der hohen Wolke im Vergleich zu der hohen Wassertropfendichte der niedrigeren Wolken. Wie der *cirrus castellanus* ist diese Wolkenform oft mit ruhigem Wetter verbunden. Wenn die Wolken sich aber verdichten und ausbreiten (s. S. 96), kann dies ein Indikator für einen aufziehenden Sturm sein.

Ufo über Hawaii

Eine Lentikulariswolke schwebt über dem Mauna Kea, dem höchsten (und einzigen schneebedeckten) Gipfel auf Hawaii. Lentkulariswolken entstehen, wenn feuchte Luftschichten über ein hohes Hindernis gezwungen werden und auf der Leeseite wieder absinken. Die Luft bewegt sich in Form einer stehenden Welle, die den Anschein erweckt, dass die Wolkenluft auf der Stelle schwebt. Wie die meisten stationären Lentikulariswolken ist auch dieses schöne Exemplar leicht geneigt und zeigt damit die Abwärtsneigung der Luftströmung in Lee des Berges an. Diese Formgebung trägt geradezu dazu bei, die Wolke wie ein klassisches Ufo auszusehen zu lassen – ein Anblick, der selbst für den Skifahrer unheimlich genug ist, um seine Fahrt zu unterbrechen.

Kelvin-Helmholtz-Wellen

Wellenförmige Wolken entstehen meist unter stabilen Bedingungen. Wenn aber starker horizontaler Wind den Grenzbereich zwischen oberen warmen Luftmassen und kälteren Luftmassen darunter bremst, bewegt sich der obere Teil der Luftschicht schneller als der untere.

Es entsteht eine Abfolge wogenförmiger Wolken, bekannt als »Kelvin-Helmholtz-Wellen«, benannt nach den Wissenschaftlern, die im 19. Jahrhundert diese Bewegungen untersuchten. Diese Aufnahme entstand über Laramie in Wyoming, USA.

Altokumulus undulatus

Dieses gleichmäßige Muster besteht aus parallelen Kumulus-Wolkenbändern in niedriger bis mittlerer Höhe und bildet sich in einer Schicht von Altokumuluswolken, die von starker Windscherung betroffen ist (»Scherung« ist eine ausgeprägte vertikale Änderung von Windgeschwindigkeit oder Windrichtung innerhalb eines geringen Höhenabstandes). Die dichten Bänder sind gleichmäßig, quer zur Fließrichtung, angeordnet. Verdichtung der Wolkenbänder aus Altokumulus sind ein zuverlässiges Zeichen für eine herannahende Warmfront, die nasses oder stürmisches Wetter innerhalb der nächsten 24 Stunden bringt. Dieses Beispiel wurde in dem Abruzzen-Nationalpark in Italien aufgenommen.

Ein »Lentis«-Stapel über Neuseeland

Wie ein sichtbarer Querschnitt durch die Schichtung der unteren Atmosphäre hebt sich ein vielschichtiger Stapel aus Lentikulariswolken (oder »Lentis«) über den Mount Ruapehu, einem aktiven Vulkan auf der neuseeländischen Nordinsel. Dieser enorme Stapel aus Wolken bildete sich aus einer Abfolge feuchte Luftschichten nach der Anhebung am Berg. Der Wolkenstapel steigt an der Ostseite des Ruapehu von etwa 2500 Metern bis in die Höhe der Zirren, etwa 6 Kilometer, hoch, wo die Wolke sich in Form dünner Fasern aus Eis ausbreitet.

Orografische Altokumulus

Die horizontale Luftbewegung ist meist ausgeprägter als die vertikale, aber manchmal, wenn der Wind ein Hindernis überfließt, bilden sich vertikale Schwingungen, Oszillationen, aus, bevor sich die Luftströmung wieder stabilisiert. Wenn die Luft an der Spitze der Oszillationsbewegungen in Lagen unterschiedlicher Luftfeuchtigkeit geschichtet ist, bilden sich Wolken in den gesättigten Schichten. Das Ergebnis des Vorgangs ist eine Lentikulariswolke mit einer stark ausgeprägten Schichtung. Anhaltende wellenförmige Luftbewegung kann zur Bildung langer Ketten aus Lentikulariswolken führen, die sich weit von ihrem Ursprungsgebiet erstrecken können.

Zirrusfedern

Ein breiter werdendes Band aus *cirrus spissatus* steigt über einer Baumreihe auf. Es ist der Vorreiter einer Warmfront. *Cirrus spissatus* ist eine Form dichter Zirren, die in der oberen Troposphäre entstehen (in Höhen von 6–8 Kilometern). Während die meisten Zirren fein und zart bleiben (durch den geringen Wasserdampfgehalt der oberen Luftschichten), wird diese Form durch die Feuchtigkeit der herannahenden Front genährt und kann gelegentlich einen großen Teil des Himmels bedecken. Wenn dies der Fall sein sollte, ist regnerisches und stürmisches Wetter im Anmarsch!

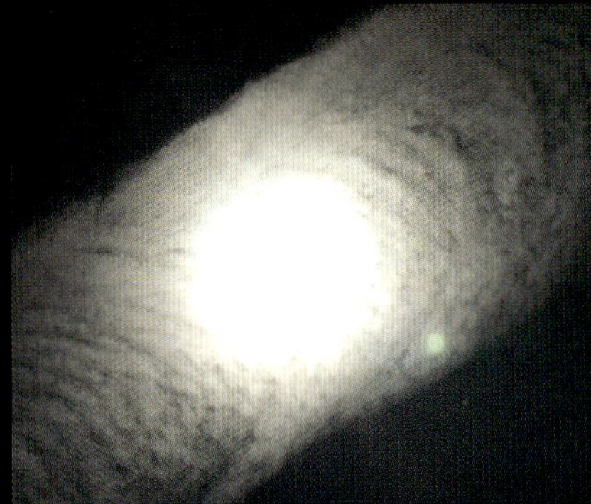

Optische Effekte

Wolken sind ein natürliches Kaleidoskop, sie brechen reflektierendes Sonnenlicht in lebhaften Farben. Dieser Abschnitt ist den schönsten dieser von Wolken erzeugten Erscheinungen gewidmet, von den leichten Pastelltönen irisierender Wolken bis zu hell flammenden Lichtsäulen und Strahlenbündeln.

Goldene Korona

»Koronen« sind farbige Ringe oder Abfolgen von Ringen, die um den Mond oder um die Sonne herum erscheinen, gefiltert durch dünne Schichten von niedrigen oder mittelhohen Wolken. Mondkoronen sind leichter zu erkennen als die der hell scheinenden, direkt blendenden Sonne. Dieses eindrucksvolle Beispiel einer solaren Korona entstand früh genug nach Sonnenaufgang, um durch ein Feld aus Altokumulus hindurch sichtbar zu sein, auch wenn die blau-violette innere Aureole nicht erkennbar ist und nur das breitere gelb-rote Band übrig geblieben ist. Das Phänomen entsteht durch die Brechung des Lichts an Wassertröpfchen oder Eiskristallen einheitlicher Größe innerhalb der Wolken. Je kleiner und gleichmäßiger die Größe der Tröpfchen ist, desto größer und heller erscheinen die Ringe der Korona. Wenn die Tröpfchengröße variiert, variiert auch der Abstand des Kreisbogens und damit die Form der Korona, wie an diesem frühmorgendlichen Farbenspiel zu sehen ist.

Ein Heiligenschein am Himmel

Ein »Heiligenschein« entsteht, wenn Licht von gleichmäßig geformten Wassertröpfchen zu seiner Quelle zurückgeworfen wird. Das gebeugte Licht erzeugt eine Abfolge von farbigen Ringen in derselben chromatischen Anordnung wie bei einer Korona (s. S. 65), obwohl sie am Gegenpunkt der Sonne (oder des Mondes) erscheinen. Oft werden sie von Bergsteigern beobachtet, wenn sie sich über den Wolken oder Nebel befinden.

Dieses Beispiel wurde im Mai 2007 während des Nachmittagsfluges zwischen Oslo und Kopenhagen aufgenommen. Es zeigt einen sehr schwachen Schattenwurf des Flugzeugs, umgeben von einer radialen Abfolge regenbogenfarbener Ringe. Die Bezeichnung »Heiligenschein« bezieht sich auf die majestätische Wirkung dieses Phänomens. In China wird der Heiligenschein als »das Licht Buddahs« bezeichnet und verspricht Glück.

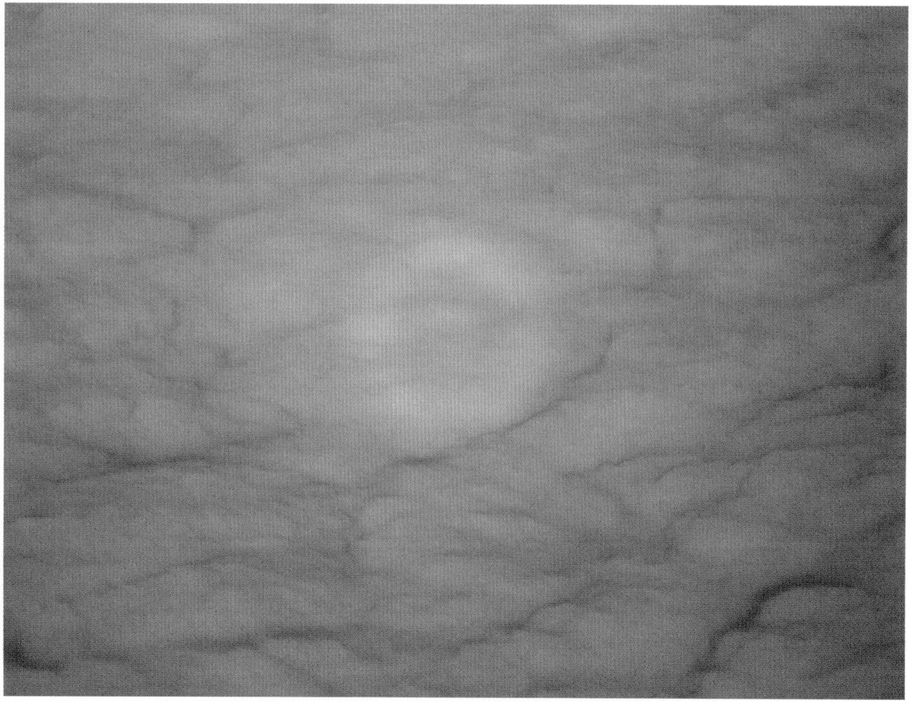

Regenbogen im Hagelschauer

Der helle Ausschnitt eines Regenbogens sticht aus einem heftigen Hagelschauer über der Ortschaft Pilsey in Derbyshire (England) hervor. Hagelschauer entstehen, wenn fallende Eisstücke von warmem Aufwind erneut in das gefrorene Innere einer Wolke hinaufgerissen werden. Die Hagelkörner wachsen durch Kollision und Frost, bis sie zu schwer sind, um im Aufwind gehalten zu werden und schließlich herunterfallen. Die Sonne schafft mit ihrem Licht auch die schiefe Pyramide und den Ausschnitt des Regenbogens, der von der Wolkenunterseite hinunterreicht. Regenbögen entstehen an Wassertröpfchen, die Sonnenlicht in sein sichtbares Farbenspektrum zerlegen. Die Reihenfolge der Farben beim primären Regenbogen ist immer einheitlich und beginnt mit rot an der äußeren Kante.

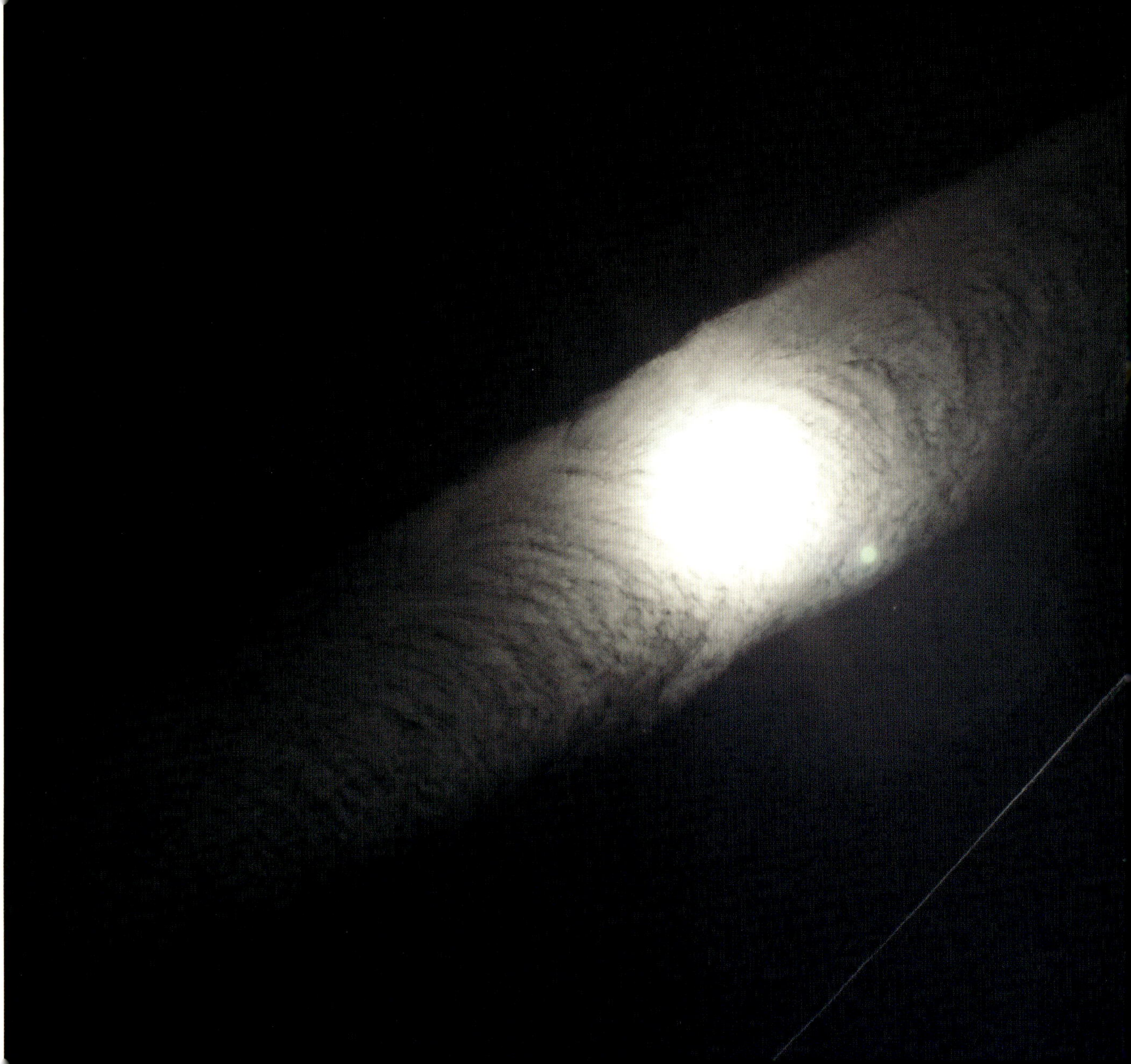

Eine »Swiss Watch« im Kondensstreifen

Der Kondensstreifen eines Flugzeugs breitet sich am Nachmittag über den Himmel aus. Dabei wird das Sonnenlicht soweit geschwächt, dass der Anblick an eine überdimensionale Schweizer Armbanduhr erinnert. Kondensstreifen werden vom Menschen erzeugt und entstehen in großer Anzahl durch Wasserdampf, der von Abgasen der Flugzeuge oberhalb von 8 Kilometern stammt, wo die Luft extrem kalt ist (weniger als -40 °C). Wie die natürlichen Zirren bestehen auch Kondensstreifen überwiegend aus langsam fallenden Eiskristallen, die beständig sein können und sich dann über große Flächen ausdehnen, abhängig von den herrschenden Winden und dem schon vorhandenen Wasserdampfgehalt der Atmosphäre. Diese Bedingungen verändern sich deutlich mit der Höhe, wie an dem zweiten Kondensstreifen zu erkennen ist, der sich in größerer Höhe befindet, ohne sich auszubreiten. Das Foto wurde vom Garten der Royal Horticultural Society bei Wisley, Surrey, in England aus aufgenommen.

Doppelter Regenbogen

Regenbögen sind nur sichtbar, wenn die Sonne direkt hinter dem Beobachter steht und die Wassertröpfchen, die das Licht brechen, sich vor dem Beobachter befinden. Der primäre Regenbogen ist am häufigsten zu sehen und hat einen Radius von 42 Grad (siehe Seite 67). Gelegentlich ist aber noch ein weiterer, sekundärer Regenbogen (mit einem Radius von 52 Grad) über dem ersten sichtbar, wie auf diesem Bild aus Utah, USA. Während das Farbspektrum des inneren, primären Regenbogens immer mit rot auf der äußeren Seite beginnt und innen violett endet, ist es bei dem äußeren, sekundären Regenbogen genau umgekehrt. Das dunkle Band zwischen den beiden Regenbögen wird auch als »Alexanderband« bezeichnet, benannt nach Alexander von Aphrodisias, einem griechischen Gelehrten, der dieses Phänomen im zweiten Jahrhundert n. Chr. beschrieb. Es entsteht durch die Ablenkung des Lichts zwischen dem ersten und zweiten Regenbogen, was eine Abdunklung des Bereichs zur Folge hat. Drei Regenbögen können in seltenen Fällen zu sehen sein, abhängig von der Helligkeit und der Fähigkeit des Betrachters, sie zu erkennen; die Farben können umgekehrt erscheinen.

Irisierender Pileus

Die Bildung eines Pileus über einem *cumulus congestus* oder Kumulonimbus wird durch die schnelle, erzwungene Aufwärtsbewegung einer feuchten Luftschicht verursacht. Sie führt zu einer erneuten Kondensation oberhalb der eigentlichen Wolke. Sie kündigt meistens schlechtes Wetter an, da dieser Vorgang durch starke Aufwinde in labiler Luftschichtung bedingt ist. Dieser abgeflachte Pileus wurde aus einem Flugzeug über Sarawak, Borneo, aufgenommen. Die große kollektive Wolkenmasse bleibt im tiefen Schatten verborgen, während der hintergrundbeleuchtete Pileus sein schillernd irisierendes Farbenspiel zeigt.

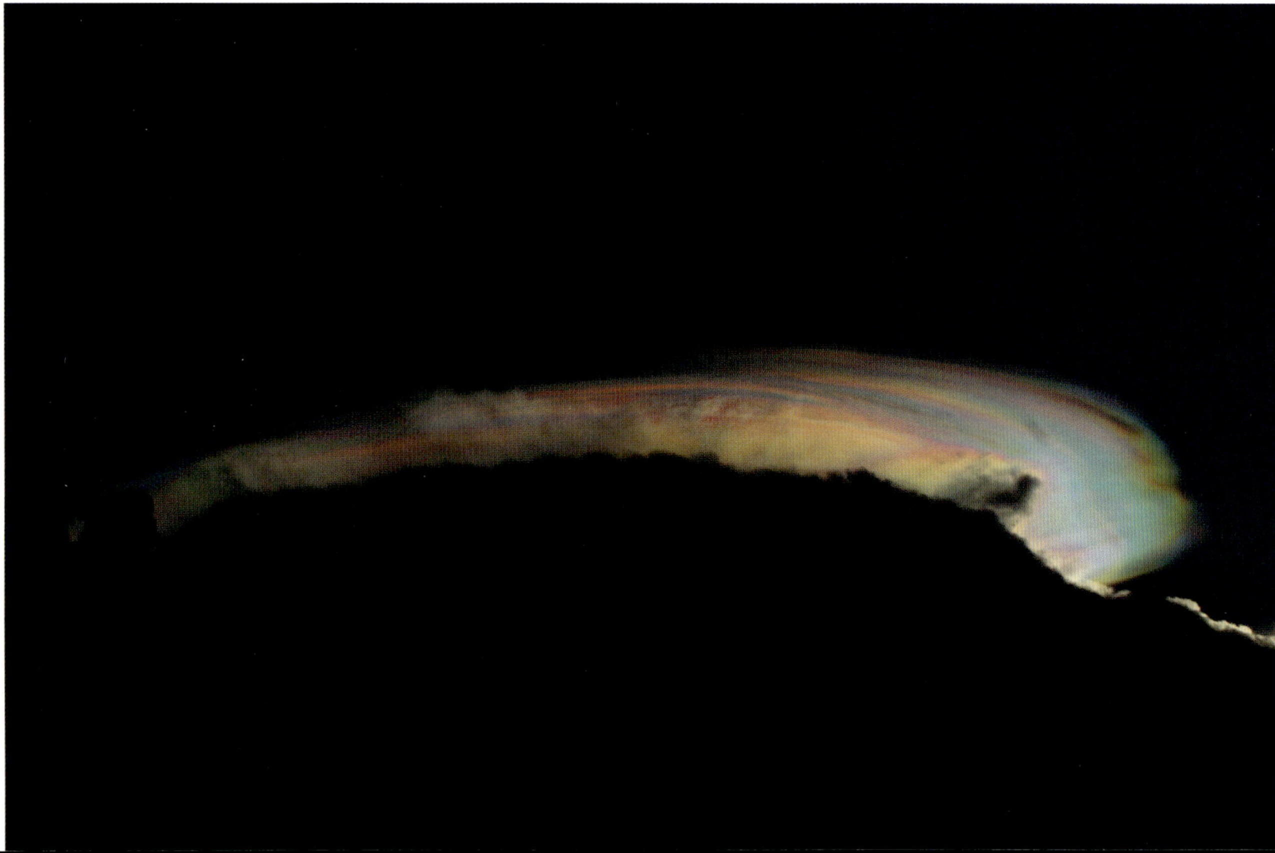

Fallstreifenloch mit Zirkumzenitalbogen

Fallstreifenlöcher entstehen durch plötzliches Gefrieren unterkühlter Wolkentröpfchen. Die Eiskristalle fallen herunter und hinterlassen eine Öffnung in der Wolkendecke. Diese Aufnahme entstand über Royston Heath, Hertfortshire, England. Einige der Eiskristalle brechen das Licht der niedrig stehenden Sonne und erzeugen den Halo-Effekt eines Zirkumzenitalbogens – ein Bogen leuchtender Farben, der wie der Ausschnitt eines umgekehrten Regenbogens aussieht. Da Eiskristalle Sonnenlicht wirkungsvoller brechen als Tröpfchen, sind die Farben eines Zirkumzenitalbogens, die von violett-blau (näher am Zenit) bis ins Rote (näher zum Horizont) reichen, heller und intensiver als die Farben des Regenbogens.

Leuchtende Nachtwolken

Leuchtende Nachtwolken werden auch als »polare mesosphärische Wolken« bezeichnet. Sie sind die höchsten Wolken in der Atmosphäre. Sie entstehen in über 80 Kilometern Höhe, an der Grenze zum Übergangsbereich ins Weltall. Sie bestehen aus Eispartikeln an mikroskopischen Sublimationskernen. Der genaue Entstehungsmechanismus unter den kalten, trockenen Bedingungen der Mesosphäre ist noch nicht geklärt. Leuchtende Nachtwolken werden meist in den Sommermonaten in der Zeit der Sommersonnenwende polwärts von 50 Grad Nord oder 50 Grad Süd beobachtet, wie in diesem ungewöhnlichen Beispiel eines »Heringsmusters«, aufgenommen über einem See in Finnland. Obwohl sie selten sind, werden diese Art von Wolken zunehmend häufiger und auch in niedrigeren Breiten beobachtet, aus noch nicht geklärten Gründen. Es besteht aber der Verdacht, dass ein Zusammenhang mit der Erwärmung der unteren Schichten der Atmosphäre besteht.

Irisierende Zirrokumulus

Winzige Partikel (Eiskristalle oder unterkühlte Wassertröpfchen) haben das Sonnenlicht in ein helles Spektrum aufgebrochen und beleuchten die Ränder dieses Zirrokumuluswölkchens. Der Effekt – der sich oft in Form klar unterscheidbarer Farbbänder an den Wolkenrändern äußert – tritt erst auf, wenn eine Lage mittelhoher oder hoher Wolken in die Nähe der Sonnenscheibe zieht. Die Farbbänder zeigen den Teil der Wolke, an dem die Größe der Eiskristalle oder der unterkühlten Wassertröpfchen sehr einheitlich ist. Je gleichmäßiger die Größe, desto deutlicher ist die Auftrennung des Farbspektrums.

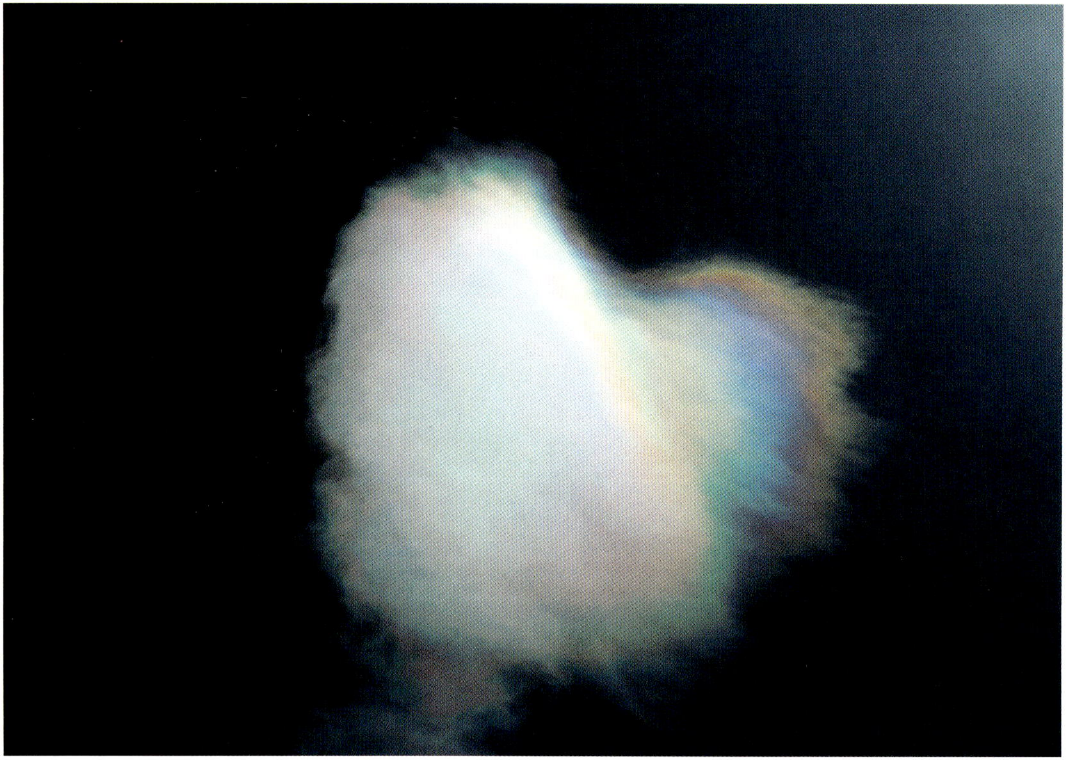

Halo am blauen Himmel

Ein Halo ist eine optische Erscheinung, die am Himmel in der Nähe der Sonne oder des Mondes auftreten kann. Er entsteht bei Brechung des Lichtes an hexagonalen Eiskristallen, die in dünnen Zirren in der oberen Troposphäre in 6–10 Kilometern Höhe vorkommen. Dieses Beispiel über Castle Rock in Colorado (USA) zeigt den Ausschnitt eines Halos, der an den Eiskristallen einer Zirrostratus in hellen Regenbogenfarben scheint, blau an der Außenseite und rot an der sonnenzugewandten Seite. Fragmente von weißen Kumuluswolken umgeben den Halo. Sie sind dem Erdboden viel näher als die hohe Zirrostratusschicht und reflektieren das Sonnenlicht an einem schönen Nachmittag. Ein Halo kann aber auch der Vorbote von heranziehendem Regen oder Schnee sein.

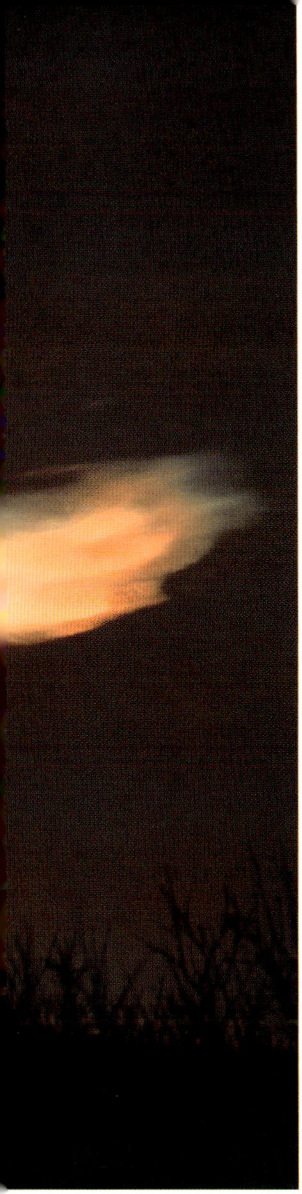

Perlmuttwolken

Perlmuttwolken werden auch als »polare stratosphärische Wolken« bezeichnet. Sie entstehen in 15–30 Kilometern Höhe, polwärts von 50 Grad geografischer Breite, vor allem auf der Nordhalbkugel. Sie bilden sich bei Frosttemperaturen in der unteren Stratosphäre, oft bei weniger als -80 °C, und bestehen aus einer Mischung von Kristallen aus Salpetersäure und Eis. Diese werden mit Partikeln in feuchter Luft durch die Tropopause gehoben, durch die gleichen orografischen Oszillationen, die für die Entstehung der hohen Lentikulariswolken verantwortlich sind (s. S. 95). Die größte Wahrscheinlichkeit, Perlmuttwolken zu beobachten, bieten winterliche Sonnenauf- und -untergänge, wenn der größte Teil des Himmels dunkel ist und die unter dem Horizont stehende Sonne die Wolken von unten anstrahlt. Die Farben in schillernden Pastelltönen können eine magische Ausstrahlung verbreiten, eine Wirkung, die noch durch die große Distanz zum Betrachter verstärkt wird.

Irisierender Altokumulus

Dies ist ein Wolkentyp, der in mittleren Höhen auftritt. Er besteht aus Eiskristallen und unterkühlten Wassertropfen (oder einer Mischung von beiden). Gute Voraussetzungen, um z. B. das Irisieren hervorzurufen – das Licht wird innerhalb der Wolken an Partikeln einheitlicher Größe gebrochen. Ein Spektrum aus Pastell-Farbtönen zeigt sich meist entlang der dünnen Wolkenränder, wenn diese sich in der Nähe von Sonne oder Mond befinden.

Wolkenstrahlen

Wolkenstrahlen bestehen aus Sonnenlicht, das durch viele winzige, streuende Partikel als Strahlenbüschel sichtbar gemacht wird. Es tritt in drei verschiedenen Varianten auf: 1. die »Jakobsleiter«, die zwischen Lücken in der Wolkendecke hinabstrahlt, 2. als hinter Kumuluswolken aufsteigende Wolkenstrahlen, die sich nach oben spreizen, 3. Wolkenstrahlen, die hinter dem Horizont aufsteigen, wie in diesem feuerfarbenen Bild. Die intensive Färbung entsteht im Dunst, in dem sich die Strahlen vor der untergehenden Sonne brechen.

Alpiner Halo mit Nebensonnen

Halos sind optische Erscheinungen, die durch Lichtbrechung an winzigen hexagonalen Eiskristallen entstehen. Sie treten häufig in Verbindung mit anderen optischen Phänomenen auf, wie den Nebensonnen und dem Horizontalkreis, wie in diesem schönen Beispiel, das am österreichischen Skiort Saalbach aufgenommen wurde. In der Mitte befindet sich der 22-Grad-Halo rings um die Sonne, oben ist der Berührungsbogen zu sehen und an den Seiten die Nebensonnen. Nebensonnen (diese werden durch die Brechung von Licht an horizontal ausgerichteten Eiskristallen verursacht) bilden sich bevorzugt bei tief stehender Sonne und rücken dichter an die Sonne heran, wenn diese sinkt. Durch die Nebensonnen läuft ein blasser Bogen, bekannt als Horizontalbogen, der auch durch die Sonne verläuft.

Mondhalo

Mondhalos haben die gleiche Ursache wie die Sonnenhalos (s. S. 20) – Licht wird an hexagonalen Eiskristallen gebrochen, die sich in der hohen Troposphäre verteilt haben, in zirriformen Wolken (meist Schleier aus Zirrostratus). Mondhalos sind häufiger und sicherer zu beobachten als die Varianten der Sonne, da deren helles Licht tagsüber den Beobachter blendet. Sie treten üblicherweise fünf Tage vor bis fünf Tage nach Vollmond auf. Diese Aufnahme eines 22-Grad-Ringes entstand im Atlasgebirge in Marokko. Der Himmel war klar genug, um die rote Färbung an der Innenseite des Halos abzeichnen zu lassen, während seine Außenseite ins Blaue übergeht. (Eine Umkehrung der Farbabfolge, wie man sie beim Regenbogen oder bei der Korona findet.)

Sonnensäule

Eine vertikale Lichtachse strahlt über eine Schicht aus Stratokumuli während eines ruhigen Sonnenuntergangs über dem Meer: Eine Sonnensäule ist eine optische Erscheinung, die durch eine Lichtreflexion an horizontalen Flächen langsam fallender hexagonaler Eiskristalle entsteht. Anders als bei dem Phänomen der Lichtbrechung ist diese Säulenform einfach der Glanz von Millionen feiner Eiskristalle. Sie spiegeln die Farben der auf- oder untergehenden Sonne wider, anstatt sie zu zerlegen. Sonnensäulen sind normalerweise nur sichtbar, wenn das Sonnenlicht weniger intensiv scheint. Sie können auf eine Höhe von mehr als 20 Grad über dem Horizont anwachsen.

Irisierende Zirruswolken

Irideszenz – Streifen oder Flecken von perlmuttartiger Farbgebung – tritt meist an dünnen Lagen aus Wolken mittlerer Höhe oder an Zirrus- oder Zirrostratuswolken auf, die in Höhen über 6 Kilometern aus Eiskristallen bestehen, die zuvor aus unterkühlten Wassertropfen hervorgingen. Der Effekt wird durch die Brechung des Sonnenlichts an gleich großen Partikeln hervorgerufen. Die Form des irisierten Bereiches folgt oft derjenigen der Wolke oder besteht aus geschwungenen Bändern.

Dramatische Wolkenbilder

Große atmosphärische Schauspiele vollziehen sich ständig rund um den Globus, vom Blockbuster einer Superzelle bis zum unheimlichen Anblick von Lentikulariswolken über einer Gebirgssilhouette.

Silberwellen am Himmel

Ein Morgen im Juni bescherte eine ungewöhnliche Aussicht für die Bewohner von Cedar Rapids im amerikanischen Bundesstaat Iowa. Geriffelte Wolken hingen tief über der Stadt. Die Antwort auf die Reaktion beunruhigter Bürger gab der beliebte Wetterexperte des örtlichen Fernsehsenders: »Wir nennen sie einfach Wellenwolken. In der Atmosphäre kommen laufend Wellen vor, wie auf dem Ozean. In der Atmosphäre können wir sie aber meistens nicht sehen. Heute bietet sich die Gelegenheit und es wird wahrscheinlich für lange Zeit nicht wieder geschehen.« Solche tief hängenden Altostratuswolken sind das Resultat der Hebung großer Massen von feuchter Luft einer herannahenden Warmfront. Der angehobene Wasserdampf verdichtet sich zu einem unregelmäßigen, teilweise beunruhigend wirkendem Wellenrelief.

Superzelle über Montana

Eine Superzelle ist eine große Gewitterwolke mit einer ausgeprägt rotierenden Struktur mit hoch reichender Aufwärtsbewegung. Sie wird auch als »Mesozyklone« bezeichnet. Superzellen sind von starkem Regen, Hagelschauern, Gewittern und zerstörerischen Tornados begleitet und können über mehrere Stunden bestehen. Dieses Exemplar, fotografiert von Eric Nguyen, überquerte das Crow-Indianer-Reservat im Südwesten Montanas (USA) und erzeugte nur einen einzelnen kräftigen Regenschauer. Die hohe Basis führte zu einer schnellen Abschwächung.

Tornado mit Blitzeinschlag

Blitze sind sichtbare elektrische Entladungen, die durch starke Aufwinde innerhalb einer großen Kumulonimbuswolke ausgelöst werden. Innerhalb der Wolke entwickeln sich Bereiche mit gegenpoliger elektrischer Ladung. Im oberen Teil der Wolke bildet sich oft ein Bereich mit positiver Ladung, während die Wolkenbasis negativ aufgeladen ist. Wenn das Potenzial zwischen den Bereichen zu stark anwächst, entlädt sich die Energie, beginnend mit einer Vorentladung, einem abwärtsgerichteten Leitblitz. Was häufig wie eine einzelne gleichzeitige Entladung aussieht, sind sehr schnelle Abfolgen von Entladungen, die sich schrittweise dem Erdboden nähern – hier bei einem Tornado mit Begleitblitzen im Mittleren Westen der USA. Die violette Färbung der Luft wird durch den niederfallenden Regen hervorgerufen.

Lentikularis über Patagonien

Ein Himmel voller *altokumuli lenticularis* ersteckt sich über dem See Pehoe im Torres del Paine-Nationalpark in Südchile. Bedingt durch die komplexe Topografie der Region wehen stabile Luftströmungen in verschiedene Richtungen. In ihnen werden Schichten von trockenen und feuchten Luftmassen gleichzeitig angehoben, und jede lädt ihren Beitrag an Feuchtigkeit in Form der deutlich gestreiften Wolkenschichten ab. Diese Formationen können sich über weite Bereiche der schneebedeckten Bergwelt der Magellan-Provinz ausdehnen.

Geflügelte Zirren

Diese Zirruswolken wurden an einem frühen Sommerabend über der Mündung des Flusses Fal bei Devoran in England aufgenommen. Dieses großartige, den Himmel ausfüllende Wolkenbild überdauerte mehrere Stunden, so erinnert sich der Fotograf Stephen Burt. Die Zirren stammen von einer Warmfront, die aufhörte weiterzuziehen. Es lohnt sich, Zirren im Auge zu behalten. Wenn sie über lange Zeit unverändert bleiben, bleibt das Wetter vermutlich ruhig. Aber wenn sie beginnen, sich zu verdichten, und den ganzen Himmel einnehmen, ist das schlechte Wetter meist nicht mehr weit entfernt.

Mauerwolke, Lincoln, Nebraska

Ein übliches Merkmal einer Superzelle ist eine »Mauerwolke« (wallcloud), die sich isoliert unterhalb der Basis der eigentlichen Gewitterwolke im regenfreien Bereich befindet. Sie bildet sich, wenn durch Regen gekühlte Luft in die Mesozyklone (das rotierende, starke Aufwindgebiet im Kern der Superzelle) hineingezogen wird und deren Wasserdampf bereits unterhalb der eigentlichen Wolke kondensiert. Mauerwolken kennzeichnen den Bereich des stärksten Aufwindes innerhalb der Sturmwolke und zeichnen sich durch extreme Geschwindigkeiten aus – tatsächlich entwickeln sich Tornados häufig aus dieser Art von Wolken, wie auf Seite 102 zu sehen.

Spektakuläre Lentikulariswolken

Vertikale Oszillation der Luftströmung über den schneebedeckten Bergen von Südgeorgien im Südatlantik haben zur Bildung dieser dramatischen Schleifen und Wirbel an den Unterseiten von Lentikulariswolken geführt – ein eindringliches Erlebnis während der Morgendämmerung. Der Fotograf, der Meeresforscher Jamie Watts, arbeitete auf der Insel in der Forschungsstation des *British Antarctic Survey* und erinnert sich, wie er vom ersten Licht des Morgens geweckt wurde: »Durch das Fenster sah ich den schönsten Himmel, den ich je erlebt habe, eilte runter zum Strand und machte dieses Foto. Die jungen Pelzrobben wirkten verstört und waren zeitweilig aggressiv. Als ich über die rutschigen Felsen voranrückte, befand ich mich plötzlich direkt unter der Nase eines aufgerichteten erwachsenen Tieres.«

Fallstreifenloch über dem Meer

Fallstreifenlöcher entstehen, wenn abgegrenzte Bereiche hoher Wolken gefrieren, als Eiskristalle aus der Wolke herausfallen und dabei sichtbare Löcher in der Wolkendecke hinterlassen. Die Ursache dieses Phänomens ist nicht vollkommen geklärt, obwohl es nur in unterkühlten Wolken (die aus Wassertröpfchen unter 0 °C bestehen) aufzutreten scheint. Diese ausgedehnte Schicht von Altokumulus wies ein beinahe kreisrundes Loch auf, in dem nur spärliche Reste einer Eiswolke verblieben. Flugzeugabgase könnten bei der Entstehung eine Rolle spielen, denn die unterkühlten Wolken bilden sich, wenn nicht genug Kristallkeime zum Ausfrieren der Wassertröpfchen vorhanden sind. Die mikroskopischen Partikel der Flugzeugabgase bieten eine reiche Quelle an Sublimationskeimen. Könnten sich Fallstreifenlöcher als ein vom Menschen verursachtes Phänomen erweisen?

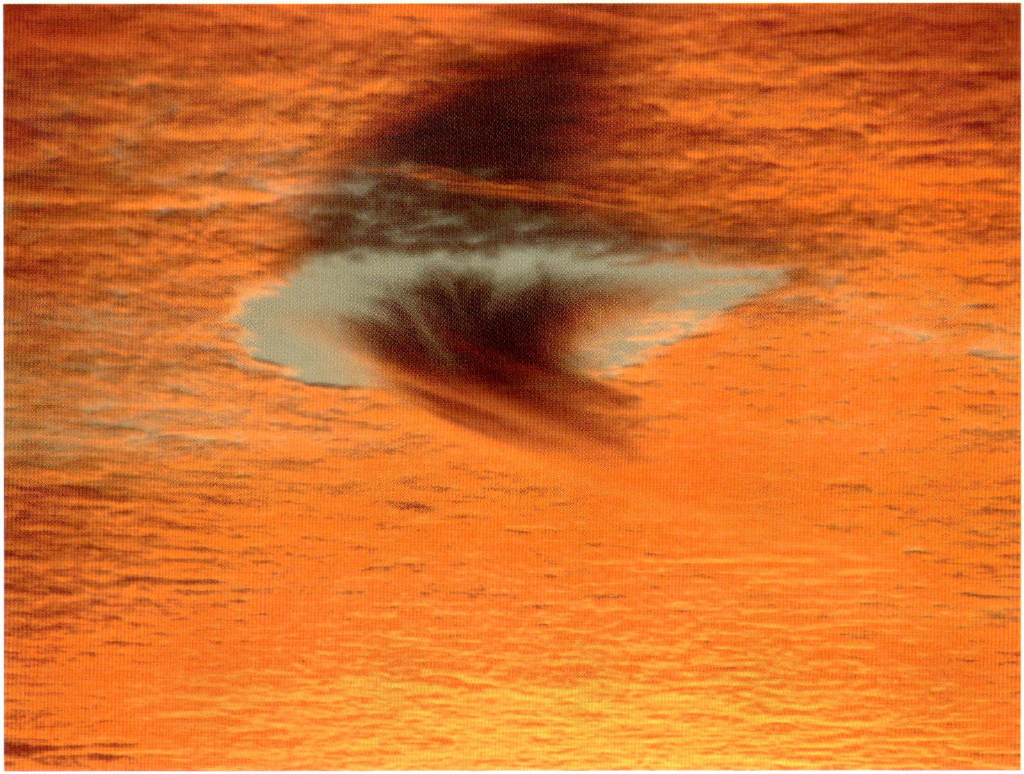

Fallstreifenloch im Sonnenuntergang

Dieses Fellstreifenloch wurde fotografiert, als es gerade seinen eisigen Inhalt über dem Himmel von Florida abwarf. Die Fotografin, Vicki Harrison, war erstaunt, dass diese Streifen durch das Loch »hindurchzufallen« schienen. Das hinunterfallende Eis kommt nicht weit, bevor es sich auflöst. Wenn die Atmosphäre keinen Regen hergibt, sublimieren die Eiskristalle; sie gehen direkt vom festen in den gasförmigen Zustand über. Die wärmere Luft, durch die sie hindurchfallen, hindert sie daran, den Erdboden zu erreichen.

Die Geburt eines Tornados

Ein Tornado ist eine gewaltvolle rotierende Luftsäule, welche die Unterkante einer Kumulonimbuswolke mit dem Boden verbindet. Sie entsteht, wenn starke Abwinde die Mesozyklone der Superzelle abwärts ziehen. Es entsteht ein sichtbarer Wolkenrüssel, der beginnt, das Erdreich aufzuwirbeln, sobald er mit dem Boden Kontakt hat. Dieses Bild entstand bei Turkey in Texas, USA, und zeigt den Augenblick, in dem die Superzelle beginnt, den Tornado auszubilden. Der rotierende Aufwind wirbelt Staub und Schutt auf, als sich der Trichter formt. Dieser Tornado zog für einige Stunden über die Caprock Region des Texas Panhandle (Gebiet im Nordwesten von Texas) und verursachte schwere Tornadoböen entlang seiner Zugbahn.

Staubwoge

Parmer County, Texas, USA – daran erinnert sich Fotograf Roger Coulam genau: »Wir beobachteten, wie sich ein großer Gewittersturm bildete, der plötzlich so viel kalte Luft ansog, dass er in sich zusammenfiel und eine Staubwoge mit furchtbarem Wind in unsere Richtung schickte. Sie enthielt Böenfrontwirbel und eine enorme Menge an Staub, der sich wie ein roter Vorhang vor uns auftürmte. Die Staubwoge traf uns mit 60 Meilen pro Stunde. Wir mussten ein paar Meilen weiter fahren, um Fotos zu machen, als uns die Staubwelle wieder erfasste ...«

Böenfront

Eine Böenfront bildet den Randbereich, an dem die kalte Luft vor einer Gewitterwolke hinabströmt und sich ausbreitet, sobald sie auf den Boden trifft. Sie sind häufig an den turbulenten Böenwalzen, den *shelf clouds*, erkennbar, wie in diesem Beispiel aus Meade County in Kansas, USA. Roger Coulam beobachtete, wie sich Böenfront bildete: »Für eine Weile standen wir ruhig im warmen Wind, der von hinten in das Gewitter hineinwehte, bis wir schnell in Deckung laufen mussten, um dem eisigen Windstoß aus dem Weg zu gehen, der uns plötzlich ins Gesicht blies.« Ein heftiger Hagelsturm zwang die Sturmjäger, Schutz in einer nahe gelegenen Tankstelle zu suchen.

Ein erhabenes Gewitter

Der bekannte Sturm- und Gewitterfotograf Eric Nguyen nahm dieses Bild einer nächtlichen Superzelle im Juni auf, nachdem er den ganzen Tag lang Stürmen auf der Prärie in Colorado, USA, nachgejagt war. »Welch ein Abschluss eines perfekten Tages!«, schrieb er auf seiner Blog-Seite. Zwei Arten von Blitzen – von Wolke zu Wolke (links) und von Wolke zum Boden (rechts) – leuchteten und donnerten unter dem ruhigen Sternenhimmel und gaben ein gespenstisches Lichtspiel, das ringsumher über viele Kilometer zu sehen war.

Staubsturm

Dies ist ein weiteres Bild der Tornado-Superzelle, die schon auf Seite 102 abgebildet ist. Hier eine Aufnahme, die später entstand, als die Superzelle mit Gewalt große Mengen an Staub und Erde aufgewirbelt hatte und Fallböen von 160 Kilometern in der Stunde (86 Knoten) aussendete. Der Fotograf Roger Coulam hatte ein Fensterleder um seine Kamera gewickelt, um sie vor dem herumfliegenden Schmutz zu schützen und sie fest mit beiden Händen halten zu können, während der Sturm weiterraste. »Die Blitze in diesem Sturm waren einzigartig«, sagt er, »und das Geräusch des Monsters unvergesslich.«

Land der langen weißen Wolke

Der polynesische Name für Neuseeland war »Aotearoa« (Land der langen weißen Wolke), eine Bezeichnung, die naheliegt, wenn man diese Formationen über dem Mount Ruhapehu auf der Nordinsel betrachtet. Diese »Lentis« (Lentikularis) sind jedoch immer ein lokales Phänomen; sie breiten sich nie weit von ihrem Entstehungsgebiet aus. Bei stabilen Windbedingungen scheinen sie über einer Stelle zu schweben. Es weht ein Strom aus feuchter Luft durch die Wolken, Wasser kondensiert an einem Ende und verdampft am anderen wieder.

Tornado mit Blitzen im Mittleren Westen

Ein kilometerbreiter Keil reißt mehrere Tonnen rötlichen Bodens herauf, während Blitze aus der darüber liegenden Wolke herausschlagen. Was wie ein einziger Blitzstrahl aussieht, lässt sich durch die Kamera oft als eine Abfolge von unmittelbaren Teilblitzen erkennen, die sich schrittweise dem Boden nähern, wie auf diesem beeindruckenden Bild eines sturmgepeitschten Weizenfeldes im Mittleren Westen der USA. Ausgereifte keilförmige Tornados wie dieser hier hinterlassen eine breitere Schneise der Zerstörung und sind zudem meist langlebiger als diejenigen mit einer schlauchförmigen Trichterwolke. Oft hinterlassen sie einen enormen Schaden entlang ihrer Zugbahn. Tornados werden nach der erweiterten Fujita-Skala (Enhanced Fujita, EF) in Stufen von 0 bis 5 eingeteilt, abhängig von dem Schaden, den sie anrichten können. Eine weitere Einteilung, ist die TORRO-Intensitätsskala; sie unterteilt Tornados nach der geschätzten Windgeschwindigkeit in Werte zwischen 0 und 11. Dieses Monster kann nach der EF-Skala durchaus einen Wert von 4 oder sogar 5 erreicht haben.

Skorpionschwanz-Tornado

Für Meteorologen bezeichnet der Begriff »Tornado« den gesamten Wirbel, der die Superzelle eines Gewittersturms mit dem Erdboden verbindet. Für die meisten von uns ist mit dem Tornado nur die sichtbare Trichterwolke gemeint, die von der Unterseite der Gewitterwolke herunterragt – wie in dieser dramatischen Aufnahme von Roger Coulam aus Clay County, Nebraska, USA. Kalte Winde haben den Wolkentrichter von der Wolkenbasis weggeschoben, wodurch dieser besondere »Skorpionschwanz« entstand. Roger konnte zwei Aufnahmen dieses gewaltigen »Twisters« machen, bevor ein Hagelkorn, so groß wie ein Golfball, ihn am Kopf traf. Der Sturm zog weiter und erzeugte mindestens noch ein Dutzend weiterer Tornados, vorübergehend sogar drei zur selben Zeit. Das ist selbst für den Mittleren Westen der USA viel, wo jedes Jahr über 1000 Tornados vorkommen.

Sandtornado

Tornados treten in unterschiedlichen Formen und Größen auf, mit Durchmessern von 2-3 Kilometern bis hinunter zu wenigen Metern. Auf diesem Bild ist ein kleiner Tornado zu sehen, der bei Northam in Westaustralien Sand aufwirbelt. Tornados wie dieser neigen dazu, kurzlebig zu sein und daher nur wenig Schaden anzurichten (er hätte die Stufe 0 der EF-Skala). Sie bleiben aber beeindruckende Gebilde, die wirbelnd durch die Landschaft ziehen, bis sie irgendwann zerfallen und eine Bahn aus verstreutem Oberboden hinterlassen.

Eine »tassenförmige« Superzelle

Der Sturmjäger Jim Reed machte dieses dramatische Foto nach längerer Verfolgung dieser Superzelle, die über den südlichen zentralen Teil von Kansas (USA) zog. Eine Superzelle ist eine mächtige langlebige Gewitterwolke, die in ihrer Mitte ein großes rotierendes Auftriebsgebiet hat. Man kann deutlich sehen, wie an der turbulenten Wolkenbasis Dreck von dem Weizenfeld aufgewirbelt wird. Jim Reed berichtete später, dass die dichte Schichtung der Zelle »eine der ungewöhnlichsten Formen aufwies, die ich je bei einem Sturm beobachtet habe«. Er hatte den ganzen Nachmittag damit verbracht, ihr zu folgen, während sie nach Süden zog – was für sich genommen schon ungewöhnlich ist, da die meisten Stürme im Mittleren Westen Richtung Norden ziehen. Gerade, als die Sonne unterging, sprang er aus seinem Auto und musste Hagelkörner von Golfball-Größe abwehren. Er machte dieses erstaunliche Foto einer seltenen, regenfreien, tassenförmigen Superzelle, die von der untergehenden Sonne im Hintergrund beleuchtet wird.

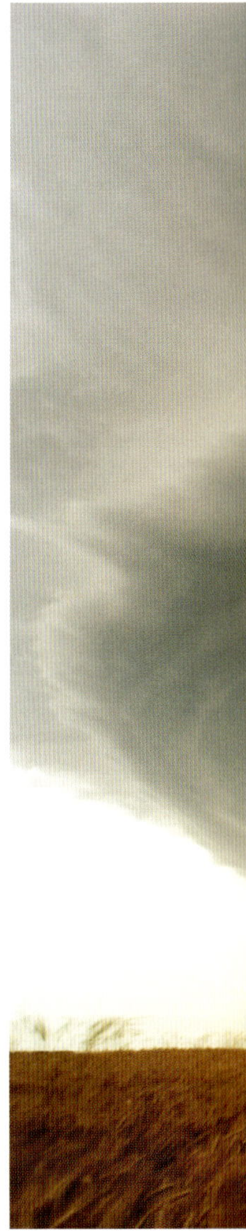

Tornado im »Texas Panhandle«

Die Sandwolke im unteren Teil eines Tornadotrichters nimmt immer die Farbe des Untergrundes an, über den der Tornado zieht. Sie ist hell oder weiß, wenn sie über Wasser oder Schnee zieht, bis beinahe schwarz, wenn sie losen Dreck und Schmutz auf wirbelt. Der unterste Teil dieses »Elefantenrüssels« ist rot gefärbt von dem Ufersand des Red River bei Silverton, Texas (USA), den der Tornado während seines vierzigminütigen Bestehens querte. Tornados erzeugen die stärksten Winde auf der Erde, die 500 Kilometer in der Stunde (270 Knoten) überschreiten können. Eric Nguyen, der diese Aufnahme machte, berichtet, dass er zeitweise nicht in der Lage war, aufrecht zu stehen, obwohl der Tornado selbst ein paar Kilometer entfernt war.

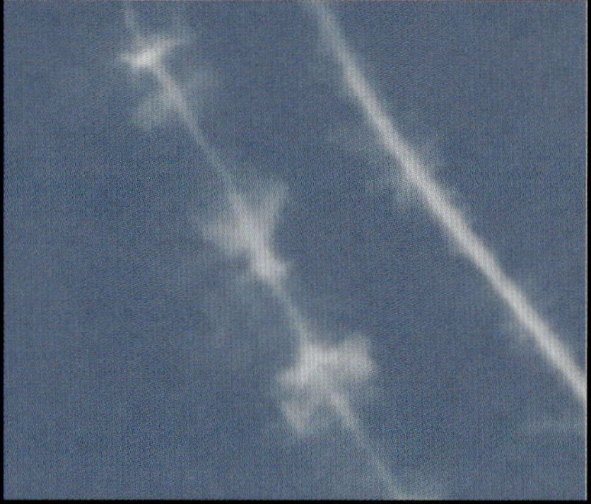

Durch menschlichen Einfluss entstandene Wolken

Der Einfluss des Menschen hinterlässt seine Spuren in jedem Winkel unseres Planeten. Das gilt auch für die Atmosphäre, wo die anthropogenen Wolken oft zu den Varianten gehören, die am leichtesten zu erkennen sind.

Fumuluswolke

»Fumulus« ist die Bezeichnung für eine von Menschen erzeugte Variante der Kumuluswolken, die über den Schornsteinen der Industrie und über Kühltürmen entsteht. Auf diesem Bild sind es die acht Schornsteine der Ratcliffe-on-Soar-Anlage, einem 2000-Megawatt-Kohlekraftwerk bei Nottingham, England. Die warme, feuchte Luft der Kühltürme steigt auf, dehnt sich aus und kondensiert zu Kumuluswolken in wenigen hundert Metern Höhe. Wenn die Atmosphäre bereits viel Wasserdampf enthält, können die Wolken erhebliche Größe erreichen und sich über mehrere Kilometer ausbreiten.
In diesem Beispiel aber, an einem ruhigen Tag mit wenig Wind, bleibt die Wolke *in situ*, d. h. am Ort ihres Entstehens, erhalten, anstatt wegzutreiben. Der Fotograf der Aufnahme, Stephen Burt, macht das Bild 1981, während er sich auf dem M1-Motorway (Autobahn) befand.

Notenblatt-Wolken

Dieses Bild entstand nur 90 Minuten nach der »Schweizer Uhr« auf Seite 69 und zeigt eine beinahe parallele Anordnung sich ausbreitender Kondensstreifen über dem Südosten Englands. Das gerollte Muster innerhalb der langsamen absinkenden Eisformationen ist durch Wirbel verursacht, die das Flugzeug in seiner Flugbahn hinterlässt. Ihre fortschreitende Verlagerung und Ausbreitung wird durch starken Wind und die umgebende Luftfeuchtigkeit der oberen Troposphäre verursacht. Die farbigen Punkte auf dem Bild sind durch Flackern verursacht (interne Reflexionen im Linsensystem der Kamera). Sie sind kein sichtbares Element der Wolkenlandschaft.

Nachtleuchtender Raketenschweif

Eine kurzlebige nachtleuchtende Wolke, die von den Kondensstreifen einer Rakete stammt. Sie flog in großer Höhe über White Sands Missile Range in New Mexiko, USA. Der Wasserdampf der Raketenabgase ist in der kalten oberen Atmosphäre gefroren und die Eiskristalle brechen das hinter dem Horizont heraufscheinende Sonnenlicht. Die obersten Teile der Wolke zeigen Irideszenz und erinnern daher an polare stratosphärische Wolken (s. S. 78). Die unteren Teile erscheinen rötlich durch die Schwächung des dort an Staub gestreuten blauen Lichtanteils. Die gewundene Form entsteht durch unterschiedlichen Windgeschwindigkeiten und Windrichtungen in verschiedenen Höhen. Die Aufnahme entstand kurz vor der Morgendämmerung von einer Stelle aus, die den bezeichnenden den Namen »Superstition Mountains« (Berge des Aberglaubens, östlich von Phoenix, Arizona) trägt.

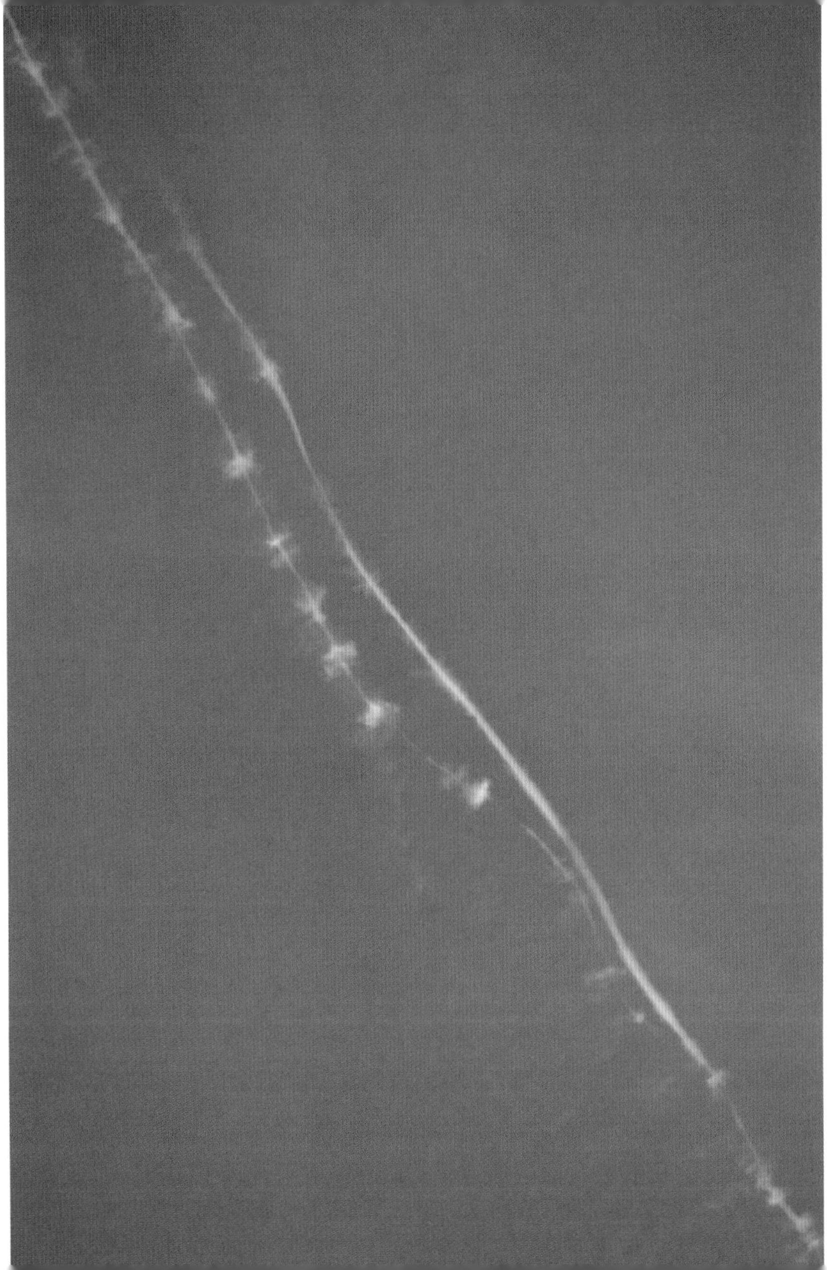

Stacheldrahtstreifen

Die Abgase eines zweimotorigen Flugzeugs lassen ein Paar aus zwei deutlich unterschiedlich beschaffenen Kondensstreifen entstehen. Sie zeigen den kleinräumigen vertikalen und horizontalen Wechsel der atmosphärischen Bedingungen in über acht Kilometern Höhe an. Die meisten Verkehrsflugzeuge haben entweder zwei oder vier Düsenantriebe. Die Kondensstreifen vereinigen sich jedoch hinter dem Flugzeug meist zu einem einzigen Streifen, der sich entweder auflöst oder für bis zu mehreren Stunden bestehen bleibt, je nach Temperatur, Luftfeuchtigkeit und Windbedingungen. Diese Streifen zeigen, dass der blaue Himmel über Berkshire, England, recht trocken gewesen ist. Stephen Burt benutzte eine mittlere Brennweite und richtete die Kamera fast senkrecht nach oben, als er die Aufnahme machte.

Tragflächenwolken

Wie Schaum umhüllen diese seltsamen künstlichen Wolken die Tragflächen eines Tornado-Kampfflugzeugs nach einem plötzlichen Fall des Luftstaudrucks in einem »stall«-Manöver (absichtlicher Strömungsabriss) bei hoher Geschwindigkeit. Der Effekt wird noch dadurch verstärkt, dass die Pfeilung der schwenkbaren Tragflächen schnell an die Verminderung des Schubs angepasst wurde. Der plötzliche Druckabfall zwingt den Wasserdampf zum sofortigen Kondensieren, ein kurzlebiges Phänomen, wie beim Überschallknall (S. 139).

Ein Kondensstreifen wirft Schatten

Über Dundee in Schotland wirft die tief stehende Abendsonne den Schatten eines Kondensstreifens auf eine höher liegende Schicht von Zirrostratuswolken. Die gewundene Form lässt den Kondensstreifen so aussehen, als sei er tiefer abgesunken, was in Wirklichkeit nicht der Fall ist. Wie bei dem Kondensstreifenring auf Seite 49 trägt diese Art von Kondensstreifen zu der Entwicklung von Verschwörungstheorien bei. Die Kondensstreifen hätten demnach nichts mit Wasserdampf zu tun, sondern stellten chemische und biologische Kampfmittel dar, die durch geheimnisvolle Agenten freigesetzt würden.

Pyrokumuluswolke

Eine »Pyrokumulus« ist eine kumuliforme Wolke, deren Entstehung auf die intensive Erwärmung feuchter Luft infolge eines Brandes auf der Erdoberfläche bedingt ist. Sie können über Groß- und Waldbränden und auch bei Vulkanausbrüchen auftreten. Gelegentlich wachsen sie zu einer Gewitterwolke an, die Blitze und weitere Feuer mit zusätzlichen Pyrokumuluswolken erzeugt. Dieses Bild zeigt den Himmel über einem brennenden Waldstück im Nordwesten Tasmaniens. Der starke warme Luftstrom, mit Feuchtigkeit der brennenden Vegetation angereichert, ist schnell aufgestiegen und sein Wasserdampf ist zu einer großen Kumuluswolke kondensiert.

Fumuluswolken von oben

Die Kühltürme des Kraftwerks von Didcot bei Oxfordshire, England, ragen über einen niedrigen Teppich aus Stratuswolken hinaus. Schwaden von Fumuli sammeln sich durch die Abgase aus Kohle- und Gasverbrennung. Im Unterschied zu dem Bild auf Seite 120 ist in diesem Fall die Luft in der mittleren Troposphäre wesentlich trockener. Die Fumuluswolken bleiben nicht bestehen und verschmelzen auch nicht zu einer größeren Kumuluswolke. Stattdessen verdampfen sie sehr schnell wieder in der trockenen Luft. Weiter oben ist eine dritte Wolkenschicht zu erkennen, die sich von Westen her zu verdichten scheint – eine Zirrostratusschicht aus Eis, die einer nahenden Front vorausgeht: ein Zeichen dafür, dass eine Periode unruhigen Wetters bevorsteht.

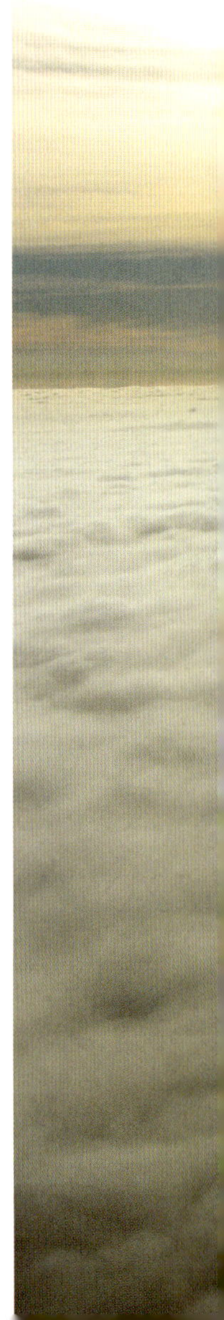

Notenblatt-Wolken II

Über der Bretagne (Frankreich) weist, hoch über einer Ansammlung von Kumulus- und Altokumuluswolken, eine Reihe fast paralleler Kondensstreifen auf mehrere Flugbahnen hin. Die Zunahme des Flugverkehrs in den letzten 50 Jahren hat den Kondensstreifen zu der häufigsten Wolkenform der Erde gemacht. Die Langzeitwirkung ist allerdings noch nicht erforscht. Daten, die in der Zeit nach den Attentaten des 11. September 2001 aufgenommen wurden (als es keine Kondensstreifen gab, weil alle Verkehrsflüge in die USA für drei Tage eingestellt wurden), zeigen, dass es etwas höhere Tages- und etwas niedrigere Nachttemperaturen gab als gewöhnlich. Erklärbar ist das durch die intensivere Sonneneinstrahlung während des Tages und ein leichteres Entweichen der Wärmestrahlung in der Nacht. Ob Kondensstreifen insgesamt einen wärmenden oder abkühlenden Effekt haben, ist noch zu klären.
Es ist aber deutlich, dass die zunehmende Menge der von Menschen geschaffenen Wolken einen messbaren Einfluss auf die Atmosphäre ausübt.

Wirbel an Propellerspitzen

Beim Fliegen entstehen Wirbel an Tragflächen und Propellern in Form von wendelartig bewegter Luft. Sie sind eine Nebenwirkung des aerodynamischen Auftriebs. Der besonders niedrige Luftdruck innerhalb des rotierenden Bereichs lässt Wasserdampf zu kurzlebigen Wolken kondensieren, die den Wirbel für kurze Zeit sichtbar machen. Diese Wolken bleiben nur für wenige Meter bestehen, bevor sie in die umgebende Luft verdampfen. Die Wirbel bleiben aber erstaunlich lange erhalten und können als Wirbelschleppe für nachfolgende Flugzeuge gefährlich werden, vor allem während der Start- und Landephasen.

Schwebende Pyrokumulus-Wolke

In der warmen Auftriebsluft über einem brennenden Stoppelfeld bei Salisbury, England, schwebt eine rußige, unheimliche Pyrokumulus. Hier ist das gleiche Phänomen wie auf Seite 127 zu sehen, aber in einer kleineren Größenordnung. Die brennende Vegetation erzeugt eine aufsteigende warme und feuchte Luftmasse, angefüllt mit winzigen Partikeln von Rauch und Asche. Diese Partikel dienen als Kondensationskerne, an denen sich Wassertröpfchen bilden und dabei weiteren Wasserdampf in ihrer Umgebung zur Kondensation bringen. Es entsteht eine turbulente niedrige Wolke. Anders als die ausgedehnte Wolke über einen Waldbrand ist diese hier nur kurzlebig. Sobald das Stoppelfeld aufhörte zu brennen, begann die kleine Wolke auseinanderzufallen und ihren rußenden Inhalt über das Feld zu streuen.

Kondensstreifen bei Sonnenuntergang

Wie Suchscheinwerfer am nächtlichen Himmel wirken die Reflexionen dieser Kondensstreifen im letzten Abendlicht. Das Foto entstand am Ende eines Herbsttages mit starkem Nordwestwind in der Höhe, der die älteren Kondensstreifen (links) in die Breite gezogen hat, bis eine ausgedehnte Bank künstlicher Zirren entstand. Zwei jüngere Kondensstreifen haben gerade erst begonnen, sich auszubreiten, und bilden ein Kreuz in etwa 12 Kilometern Höhe über Stratfield bei Mortimer in Berkshire, England. Die zinnenartigen Ausstülpungen werden durch die Wirbel verursacht, die in der Flugbahn bestehen bleiben.

Kondensstreifen eines Spaceshuttles

Ein Kondensstreifenband aus Eis windet sich über der Küste von Florida nach dem Start eines der drei verbliebenen Space Shuttles. Die weitläufig verstreuten Abgasstreifen – sie bestehen zu 97 % aus Wasser – gefrieren während des achtminütigen Aufstiegs der Raumfähre in der oberen Atmosphäre. Die Raumfähre umkreist die Erde später in mehr als 300 Kilometern Höhe. Mit der Höhe wechselnde Windbedingungen formten die Schleifengestalt aus geschwungenen Linien. Das Foto wurde von der Banana River Bridge aus aufgenommen, 18 Kilometer südlich vom Kennedy Space Center, USA. Die langen Abgasschleifen sind dafür bekannt, Blitze anzuziehen, weshalb keine Starts stattfinden, wenn sich eine ausgereifte Kumulonimbus in einem Abstand von weniger als 16 Kilometern vom Startplatz befindet.

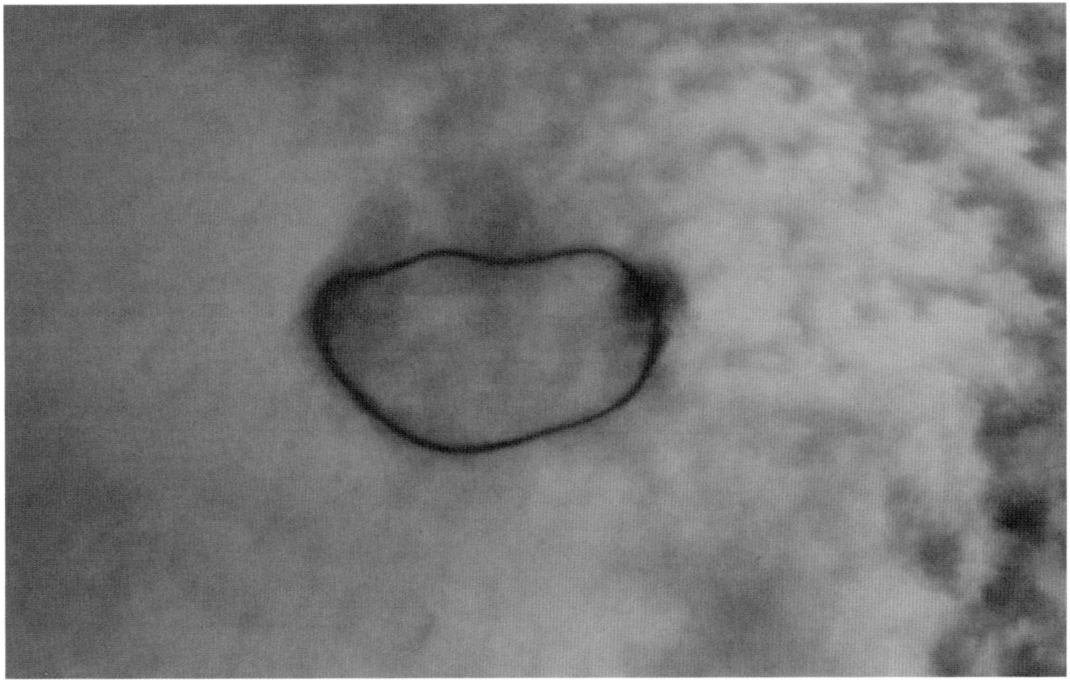

Hier muss es Drachen geben

Ein Abgasring schwebt in der Wolkendecke über einem Flugplatz in Schottland. Er fügt sich in die niedrige Basis einer Stratokumuluswolke. Obwohl es sich genau genommen nicht um eine Wolke oder einen Kondensstreifen handelt, ist es doch ein beeindruckender atmosphärischer Effekt. Das Foto wurde von den Meteorologen Norman Elkins während einer Flugschau in Leuchars, Fife, Schottland, aufgenommen. Bei ruhigem Wetter simulierte die Royal Air Force einen Bombenabwurf aus niedriger Höhe. Die begleitenden Explosionen erzeugten diesen Rauchring, der um seine eigene Längsachse rotierte. Man kann vermuten, dass der Wirbel hinter dem Flugzeug den Ring erzeugte und die Rotation in der ruhigen Umgebung in Gang setzte. Ein ähnliches Schauspiel wurde fotografiert, als ein Transformator von einem Blitz getroffen wurde.

Überschallwolke

Dieses seltene Foto nahm Fähnrich John Gay über dem Pazifischen Ozean auf, an Deck des Flugzeugträgers USS CONSTELLATION. Es zeigt den Augenblick, in dem eine F/A-18 Hornet die Schallmauer durchbricht und dabei eine kurzlebige Überschallwolke erzeugt. Genaue wissenschaftliche Erklärungen für dieses Phänomen stehen noch aus. Es scheint aufzutreten, wenn Düsenjäger in geringer Höhe über dem Wasser schnell genug fliegen, um die Luft in ihrer Umgebung abzukühlen, sobald eine Geschwindigkeit oberhalb der Schallgrenze erreicht ist (etwa 1200 Kilometer in der Stunde, 648 Knoten). Der Druck, der durch die vorausgerichtete Schallwelle erzeugt wird, quetscht die Luftfeuchtigkeit zu einer Wolkenkugel, die sich schnell über das Flugzeug ausbreitet. Diese von Menschen erzeugten Wolken bestehen nur für wenige Sekunden, sind aber, wie Fähnrich Gay sagt, »das Coolste, was du je gesehen hast«.

Register

Abgasring 137
Abruzzen-Nationalpark, Italien 57
Advektionsnebel 8, 12/13
Ägypten 24
Alaska 17, 42/43
Alexanderband 70/71
Alpujarra-Berge, Südspanien 40/41
Altokumulus / *altocumulus* 8, 30/31, 100, 130/131
  castellanus 38
  in Auflösung 38
  irisierend 80
  lenticularis 40, 44, 58, 94/95
  orografisch 59
  undulatus 57
Altostratus / *altostratus* 90/91
Amboss 18/19, 136
Amsterdam-Insel 16
Apollo 17 25
Ararat, Berg 50/51
Atlasgebirge, Marokko 84
Australien 13, 46/47, 113

Blitz 93, 106/107, 110/111, 136/137
Böenfront 105
Böenwalze 46/47,105
Boulter, Sandy 13
British Antarctic Survey 44, 99
Buddhas Licht 66
Burt, Stephen 96, 120, 124

Castle Rock, Colorado 77
Cedar Rapids, Iowa 90/91
Chemtrail-Theorie 49, 126
Chile 94/95
cirrus (s. Zirrus) 58, 77, 84
Clay County, Nebraska 112
Cloud Appreciation Society 8/9
Corrieshalloch Gorge 45
Coulam, Roger 22, 48, 105, 108, 112
Crow Indian Reservation 92

Deed, John 9
Descartes, René 8
Didcot Kraftwerk 128/129
Dundee, Schottland 126
Dunst 12, 22/23
Durham, England 49

Elkins, Norman 137
Engelsreiter 53
England 12, 49, 67-69, 73, 96, 120, 124, 128/129, 133-135

Fal River, Devoran 96
Fallstreifenloch 9, 30/31, 73, 100/101
Flackern 121
Frankreich 130/131
Fumuluswolken 120, 128/129
Furious Fifties 26

Gemini 12 24
Gewitter
  aus dem All 18/19
  Superzelle 8, 92, 97, 103, 106-108, 112, 114/115

Hagel 67, 105, 112
Halo-Effekt 73, 77, 82/84
Harrison, Vicki 101
Hastings, Nebraska 36–7
Haube (*pileus*) 29, 50/51, 72
Hawaii 54/55
Heard Island 26–7
Heiligenschein 66
Heringsmuster 74/75
Hurrikan Katrina 8, 32/33

Idaho, USA 52
Indischer Ozean 16, 26–7
Internationale Raumstation 19
Italien 57

Jakobsleiter 81
Jetstream 24

Kapverdische Inseln 20/21
Kármánwirbel 21, 26/27
Kelvin-Helmholtz-Wellen 56
Kennedy Space Center 136
Kondensstreifen
  Notenblatt 121, 130/131
  Raketenschweif 122/123
  Ring 49
  Schatten 126
  Sonnenuntergang 134/135
  Spaceshuttle 136
  Stacheldraht 124
  Swiss watch 68/69
Korona 64/65
Kühltürme 120
Kumulonimbus 29, 72, 93, 103, 136
Kumulus / *cumulus* 130/131
  congestus 72
  Fumulus 120, 128/129
  Wolkenstraßen 17, 20
Kumuluswolken 16/17, 57, 127

Laramie, Wyoming 56
Lentikulariswolken / *lenticularis* 16, 40-44, 54/55, 58/59, 94/95, 98/99, 109
Leuchtende Nachtwolken 74/75, 122/123
Lincoln, Nebraska 97

Malediven 29
Mammatuswolken 36–7
Marokko 84
Mauerwolke 97
Mauna Kea, Hawaii 54/55
Meade County, Kansas 105
Mesozyklone 92, 97, 103

Mittelmeer 14/15
Mittlerer Westen, USA 110-112, 114/115
MODIS 16, 20/21, 28
Mond 65, 84
Mount Augustus National Park 13
Mount Batur, Bali 22/23
Mount McKinley 42/43
Mount Ruapehu 58, 109

NASA 16/17, 20/21, 26, 28, 49, 136
Nebensonnen (*parhelia*) 82/83
Neuseeland 58, 109
New Orleans, Louisiana 33
Nguyen, Eric 92, 106, 117
NOAA 33
Northam, Australiien 113
Nympsfield, England 12

p*arhelia* (Nebensonnen) 82/83
Parmer County, Texas 104
Patagonien 94/95
Pazifischer Ozean 18/19, 25, 138/139
Pehoe-See, Patagonien 94/95
Perlmuttwolken 78/79, 122/123
pile d'assiettes (Tellerstapel) 42/43
pileus (Haube) 29, 50/51, 72
Pilsley, Derbyshire 67
Pretor-Pinney, Gavin 8/9
Pyrokumuluswolke 127, 133

Raketenschweif 122/123
Ratcliffe-on-Soar 120
Reed, Jim 114
Regenbogen 67, 70/71
Robben 98/99

Saalbach, Österreich 82/83
Salisbury, England 133
Sarawak, Borneo 72
Schäfchenwolken 39
Schottland 45, 126, 137
Schweiz 39
Severn Valley, England 12
Shark Bay, Australien 46/47
Silverton, Texas 116/117
Sonnensäule 85
South Georgia, USA 44, 98/99
Spaceshuttle 136
Spanien 40/41
Staubsturm 108
Staubteufel 48
Staubwoge 104
Staubwolken 20
Stratfield, Berkshire 134/135
Stratokumulus 25, 66, 85, 137
- *stratiformis* 14/15
- Zellen 28

Stratuswolken / *stratus* 12/13, 128/129
- *stratus nebulosus* 22/23

Stutenschwänze 53
Sublimation 45

Tasmanien 127
Tellerstapel (*pile d'assiettes*) 42/43
Terra-Satellit 16/17, 20/21, 26, 28
Tornado-Kampfflugzeug 125
Tornado 8, 108, 110-113
- Blitzeinschlag 93
- Elefantenrüssel 116/117
- Entstehung 8, 102/103
- Mauerwolke 97
- Sandtornado 113
- Skorpionschwanz 112

Tropopause 19, 24, 58
Tragflächenwolken 125
Trichter 110/111
Turkei 50/51
Turkey, Texas 102/103

Überschallwolke 138/139
Ufo 40, 44, 54/55
United States 17, 36/37, 42/43, 48, 52, 56, 77, 90-93, 97, 101-107, 110-112, 114-117, 122-123, 136

Vicosoprano, Schweiz 39

Walsenburg, Colorado 48
Watts, James 99
White Sands Missile Range 122/123
Winters, Joe 91
Wirbel 20/21, 26/27, 132
Wisley, Surrey 68/69
Wolken
- irisierende 72, 76, 80, 86/87
- orografische 50/51, 59, 79
- unterkühlte 30/31, 39, 80, 87, 100

Wolkenbank 14/15
Wolkenstrahlen 81
Wolkenstraßen 17, 20
Wütende Fünfziger 26

Zirkumzenitalbogen (CZA) 9, 73
Zirrrus / *cirrus* 24, 39
- *castellanus* 52
- *fibratus* 45
- geflügelt 96
- irisierend 86/87
- *spissatus* 60/61, 96
- *unicus* 53

Zirrokumulus / *cirrocumulus* 39, 49, 76
- *stratiformis* 39

Zirrostratus 39, 85, 87, 126, 128

Bildnachweis

Mein besonderer Dank gilt Gavin Prestor-Pinley von der *Cloud Appreciation Society* und Steve Jobson vom *National Meteorological Library and Archive* für ihre Hilfe, die Bilder und die Inhaber der Rechte daran zu finden.

38 © Jurgen Oste; 12 © Stephen Cook; 13 © Sandy Boulter; 14 © Marco Cappelletti; 16, 20, 21, 28 © Jeff Schmaltz/NASA; 27 © Jacques Descloitres/NASA; 17 © Sciences DAAC; 18, 24, 25, 32, 44, 52, 53, 55, 57, 61, 75, 76, 78, 86, 110, 122, 138 © Science Photo Library; 23, 48, 97, 102, 104, 105, 108, 112 © Roger Coulam; 29, 74 © John Deed/www.flyingpigeon.com; 30 © Marco Lillini; 37 © Jorn Olsen; 39 © Heinz Bittner; 40 © Ian Dennis; 41 © Maria Carreras; 42, 51, 71, 92, 93, 94, 115, 116 © Corbis; 45 © J.M. Pottie; 46 © Jason Cutler; 49 © Dr R. Harris; 56 © Prof. A.H. Aver Jnr; 58 © J. Bowskill; 59 © P.D. Harris; 64, 66, 68, 96, 120, 121, 124, 135 © Stephen Burt; 67 © J.M. Moore; 72 © Randy Yit; 77 © Jim Karanik; 80 © Andrew David Kirk; 81, 113 © P J May; 83 © Thomas Dossler; 84 © A. Best; 85 © R.I. Lewis-Smith; 90 © Jane Wiggins; 98 © Jamie Watts; 100 © J.M. Attwell; 101 © Vicki Harrison; 107 © Eric Nguyen; 109 © Glyn Hubbard; 125 © Micahel Jacobssen mit freundlicher Genehmigung von highgallery.com; 125 © Ken Bushe; 127 © Gary McArthur; 129 © David Fuller; 130 © Philippe Bouasse/Devarieux; 132 © I.M. Brown; 133 © G.J. Jenkins; 136 © Hanford R. Wright; 137 © N. Elkins.

Diese Abbildungen stammen aus sehr unterschiedlichen Quellen, und Genehmigungen wurden, wo immer möglich, eingeholt. Falls Bilder ohne korrekten Nachweis oder Genehmigung genutzt wurden, ohne dass der Fehler von uns verursacht ist, bitten wir, dies zu entschuldigen. Der Herausgeber wird, sofern er davon Kenntnis erhält, Fehler und Säumnisse gern für zukünftige Ausgaben berichtigen.

Weiterführende Literatur

– Häckel, Hans: *Wolken*. 2004.

– Hamblyn, Richard: *Die Erfindung der Wolken*. London 2001, dt. 2003.

– Hollinghead, Mike, und Nguyen, Eric: *Adventures in Tornado Alley: The Storm Chasers*. London 2008.

– Met Office: *Cloud types for observers: reading the sky*. Exeter 2006.

– Mühr, Bernhard, und Berberich, Winfried: *Der Wolkenatlas und ein Ausflug in die Astronomie*. 2008.

– Pretor-Pinney, Gavin: *Wolkengucken*. London 2006, dt. 2006.

– Reed, Jim: *Storm Chaser. A Photographers's Journey*. New York 2007.

– Rolf Froböse: *Wenn Frösche vom Himmel fallen. Die verrücktesten Naturphänomene*. 2007.

– Sönning, Walter , Claus G. Keidel: *Wolkenbilder – Wettervorhersage*. 2009.

– Watts, Alan: *Das Wetter in Bildern. Wettervorhersage nach Wolkenfotos*. Bielefeld 2001.

– Watts, Alan: *Wie wird der Wind? Was die Wolken uns sagen*. Bielefeld 2005.

Danksagung

Mit Freude danke ich allen, die bei den Recherchen für *Extraordinary Clouds* geholfen haben. vor allem Neil Baber von *David & Charles*, Gavin Pretor-Pinney von der *Cloud Appreciation Society*, Martin John Callanan, Artist in Residence-Künstler am *UCL Environment Institute* sowie Steve Jebson von *National Meteorological Library and Archive*. Tausend Dank schulde ich auch Steven Burt und Roger Coulam, die viele Hintergrundinformationen sowohl zu ihren eigenen Fotos als auch zu denen anderer Fotografen beigetragen haben. Auch möchte ich Norman Elkins danken, der erklärte, was in dem Abgasring-Foto auf Seite 137 zu sehen ist. Und ich danke für die vielen anderen Bilder von professionellen und Amateurfotografen, die hier enthalten sind. »Vielen Dank, und bewahren Sie Ihren Blick für den Himmel!«